JN220505

技術者のための特許実践講座

技術的範囲を最大化し，スムーズに特許を取得するテクニック

小川 勝男・金子 紀夫・齋藤 幸一／共著

森北出版株式会社

●本書のサポート情報を当社Webサイトに掲載する場合があります．
下記のURLにアクセスし，サポートの案内をご覧ください．

https://www.morikita.co.jp/support/

●本書の内容に関するご質問は，森北出版 出版部「(書名を明記)」係宛に書面にて，もしくは下記のe-mailアドレスまでお願いします．なお，電話でのご質問には応じかねますので，あらかじめご了承ください．

editor@morikita.co.jp

●本書により得られた情報の使用から生じるいかなる損害についても，当社および本書の著者は責任を負わないものとします．

■本書に記載している製品名，商標および登録商標は，各権利者に帰属します．

■本書を無断で複写複製（電子化を含む）することは，著作権法上での例外を除き，禁じられています．複写される場合は，そのつど事前に(一社)出版者著作権管理機構（電話03-5244-5088，FAX03-5244-5089，e-mail:info@jcopy.or.jp）の許諾を得てください．また本書を代行業者等の第三者に依頼してスキャンやデジタル化することは，たとえ個人や家庭内での利用であっても一切認められておりません．

まえがき

その分野にしかない新しい効果（良さ）があることを主張できれば，その発明は特許になり得ます．しかし，多くの人が見てすばらしいと感じる発明品であっても，すべてが特許化できているわけではありません．特許出願の手続きに関係したことがある人を除けば，このような事実はあまり知られていないことでしょう．それでは，たとえば「既存の鉛筆に既存の消しゴムを付けた，世界初の消しゴム付き鉛筆」の発明は特許化できるでしょうか．この質問の答えは，特許化「できる」でもあり，「できない」でもあります．特許庁に認められてはじめて発明に特許権が与えられるわけですが，審査は発明内容をまとめた出願書類で行われます．このため，発明者が発明をどうとらえ，どう表現するかによって結果は変わってきます．これができるでもあり，できないでもある理由です．初心者にとって特許をとることが難しいのは，この点がよくわかっていないからです．裏返せば，特許のとらえ方のコツがわかっていれば，初心者でも特許をとることはそれほど難しくありません．そこで，著者らの長年の経験に基づいて特許をとるコツを紹介したのが本書です．

特許は，法定の要件を満たす発明の公開の代償として，一定期間，その発明を排他的に実施してもよいという権利です．しかし，特許になったものの，他者に簡単に代案を実施されたり，無効化されてしまったりする特許が意外に多いことはあまり知られていないでしょう．これは，特許請求の範囲が上手に設定できていないことによります．特許請求の範囲を広く適切に設定できれば，特許はビジネスの道具としてたいへん価値のあるものになります．本書では，この特許請求の範囲の設定のコツについても解説します．

特許のとらえ方のコツが大事と書きましたが，まずは発明をしなければなりません．発明は問題解決のための手段といえるので，皆さんが身のまわりにある問題に気づくことが発明の出発点です．問題を解決する手段を考える手法としては，他分野にある技術から類推する手法が取り組みやすいと思います．本書では，発明や特許のとり方について過去の成功や失敗例を紹介していますが，そのような例を参考にするとよいでしょう．このように，問題 → 発明（解決）→ 特許といった一連のプロセスになっており，発明の段階から特許を意識して考えをまとめておくことは，特許をとるために非常に重要なことです．そのため，本書では問題や発明についても述べます．特許周辺の予備知識は章末にまとめました．必要に応じて確認してください．

本書をひととおり読めば，特許の要点は理解できると思いますが，自分でいざやってみようと思っても，なかなかできないといった状況になるので，特許として認められるとらえ方を実践的に考える試みとして演習問題を用意しました．この演習問題を通して，実践的な力を養ってください．

ビジネスのグローバル化により，現在では，国内はもとより国外のライバルとも競わなければならない状況です．このため，特許の重要性はますます増しています．ただ，残念ながら，いまの日本は，その技術力の高さに反して，発明を担うべきエンジニアの特許についての知識と経験が十分とはいえません．広範囲をカバーし，簡単に潰されたり，代案によって回避されたりしない有効な特許をつくり上げることができれば，大きなビジネスにつながります．このため，エンジニアも特許という視点をもつことは大切です．本書が，技術力とともに特許力ももったエンジニアが育つ助けとなれば幸いです．

コツさえつかめば特許をとることは難しくないと書きましたが，一番大切なことは「なんとしてでも発明品を特許化してビジネスにつなげるぞ」という熱意です．本書で学ぶコツを実践し，ビジネスに役立つ発明の特許化にチャレンジしてみてください．

2015 年 12 月

著者一同

目　次

第1章 特許とは

特許は，国の機関である特許庁の審査を通った発明に与えられます．その特許に認められるのが，「業として特許発明の実施する権利を専有する」（特許法第68条）権利です．これを**特許権**といいます．つまり，特許があれば，その発明を独占して使うことができるというわけです．独占して使用することは，もっとも一般的な特許の活用方法でしょう．このほかにも，実施許諾（ライセンス）や特許そのものを売買するなど，特許はさまざまに活用することができます．

特許のもととなるのが発明です．発明とは，なんらかの問題を解決する手段です．遠くの人と話すことを可能にした発明である電話機，電気製品の小型化を可能にした発明である集積回路など，どの発明もそのときどきで大きな障害となった問題を解決しています．したがって，問題，発明，特許は図1.1のような一連の流れの中にあります．ただし，問題を解決した発明だからといって，必ずしも特許として認められるわけではありません．特許として認められるには，満たしていなければならない要件があります．この要件については，第2章で説明します．

図1.1 問題と発明と特許の関係

発明ができてから特許のための要件を満たすような書類を試行錯誤して作成するのも一つの方法ですが，特許をとることを目標としているのであれば，発明の段階から特許を考慮しておくとよりスムーズに作業を進めることができます．このため，問題を探したり，発明したりする段階から特許を意識することが重要なわけです．そこで，本書では，発明のコツ，特許化のコツを説明します．

特許要件や申請手続きなど特許の基本は，第2章で説明することにして，ここでは，まずは身近な発明（特許）の例を紹介します．

（1） 洗濯機の糸くず取り具

いまでは洗濯機に内蔵されているものが多く，直接見ることも少なくなりましたが，図1.2に示す洗濯機の糸くず取り具は，主婦が考え出した優れた発明です[1)]．特許化された後に，商品名「クリーニングペット」として商品化され，当時は年間400万個，総計販売数は6000万個以上にもなったといわれています．特許実施許諾料（ロイヤルティ）は3億円にもなったそうです．

主婦は，洗濯物につく糸くずに悩んでいました．そこで，洗濯中の洗濯機を観察していたところ，洗濯槽内で起こる渦流の水面の外周で軽い糸くずなどがグルグル回っていることに気づきました．洗濯槽が回転すると，洗濯物と糸くずは遠心力で槽の中心から遠ざかり，洗濯槽の壁面に近づきます．それと同時に，糸くずは軽いため，水面近くに浮き上がっていたのです．この自然法則を利用して，水面近くに設置した網袋で自動的に糸くずをとらえようというのがこの発明です．自然法則を利用することは，発明が特許として認められるための要件の一つです．

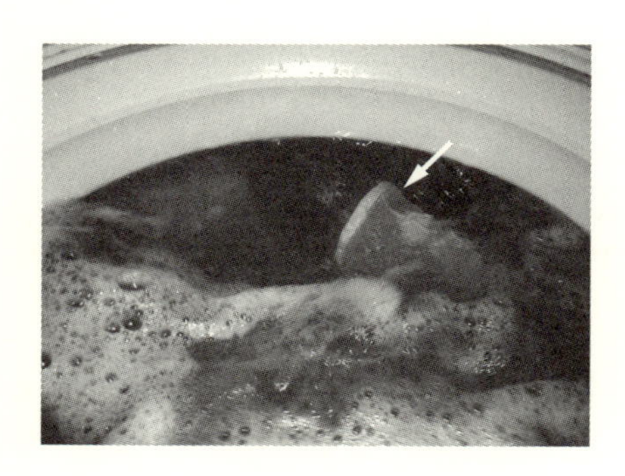

図1.2 洗濯機の糸くず取り具

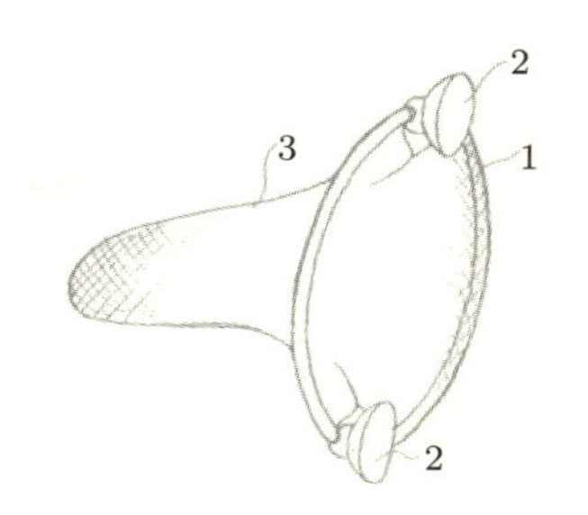

図1.3 「洗濯機の糸くず取り具」発明の図面

1）特公昭47-24828，笹沼喜美賀，1968.3出願．

図 1.3 は，特許出願時に提出された図面です．弾性リング（1）の周辺に網袋（3）の袋口があり，吸盤（2）で洗濯槽に装着する構造であることが示されています．

この発明者は，直面した問題の本質を観察によって突き止め，発明につなげました．この事例のように，発明者は鋭い観察眼をもつことが必要です．

（2）　草取り鎌

雑草は知らぬ間にどんどん生えてきます．草刈鎌を使って草取りをしても，根が残っていればまたすぐに伸びてきてしまいます．そこで，草を切り取るのではなく，草を地中から根こそぎ引き抜けないかと考え，発明されたのが，ここで紹介する草取り鎌です[1)]．図 1.4 は特許出願の図面です．この草取り鎌は使用者の口コミで広まり，現在でも根強い人気商品となっています．著者も実

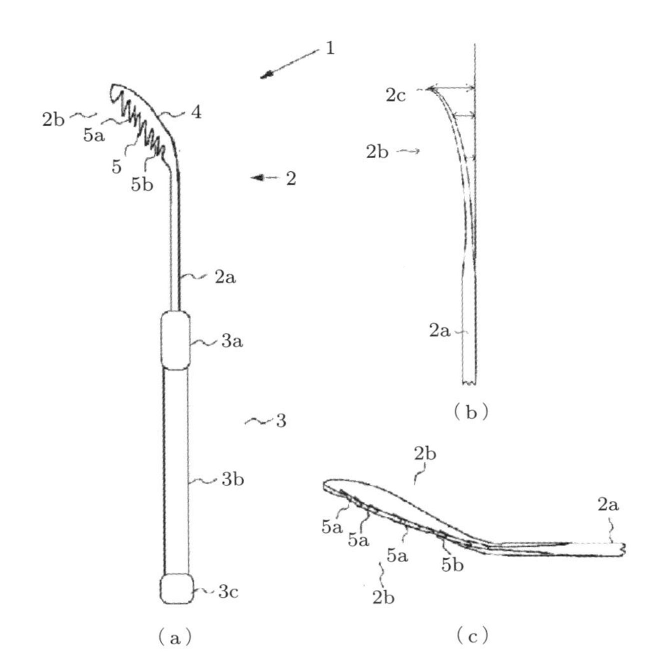

図 1.4　「草取り鎌」発明の図面

1）特許第 3225348 号，野上誠，1996.6 出願．

際に使っていますが，たいへん便利なものです．

この草取り鎌は，刃の部分(2)に下向きの複数の三角状の歯が設けてあり，また図(b)のように先端が地面に接しやすいように曲げられ，さらに図(c)のようにひねりが加えられています．この構造によって，握り手を手前に引いたときに，刃の部分が鋤のように自然に土の中に入り込み，三角状の歯に根が引っ掛かることで，根こそぎ雑草を引っこ抜くことができます．本来，草を刈る（切る）ことが機能であった鎌に，引っ掛けて引っ張りあげる機能をもたせることで，これまでの鎌にない新しい効果（良さ）が生まれています．このこれまでにない新しい効果が生まれていることは，特許として認められるために有利にはたらきます．なお，この発明は特許権だけでなく，意匠権（第1章末参照）も取得しています[1)]．

(3) ダイエットスリッパ

図1.5のようなかかと部分のないスリッパをご存知でしょうか．このスリッパをはけば自然につま先立ちの姿勢となり，はくだけで筋トレ効果が期待できます．この発明も主婦による発明です[2)]．この発明を商品化したスリッパは，家事をしながらでも簡単にダイエットできることから，10年間で約350万足，約35億円を売り上げたといわれています．図1.6は特許出願の図面です．スリッパのかかとを切り落としただけのように思われるかもしれませんが，長時

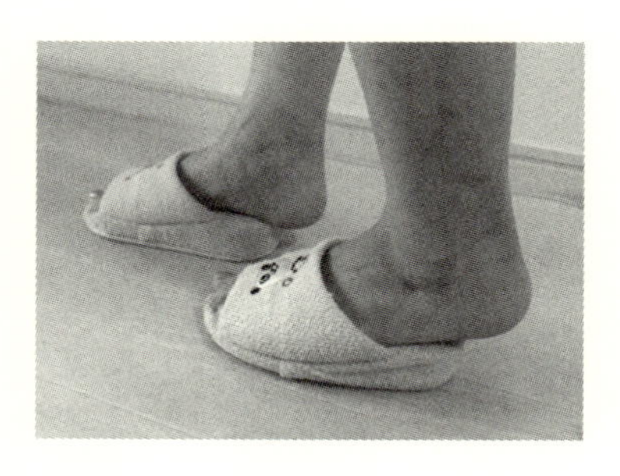

図1.5 初恋ダイエットスリッパ

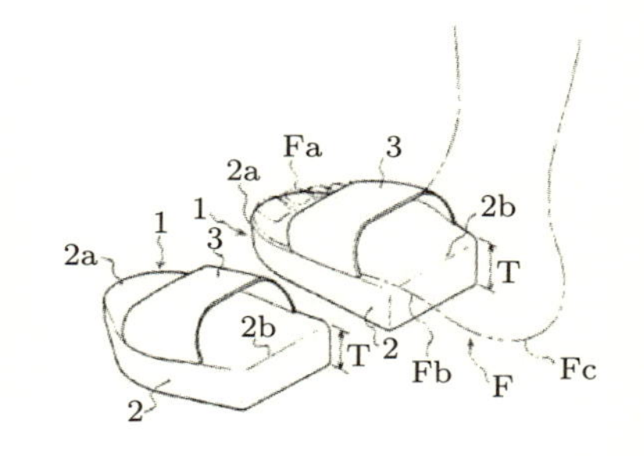

図1.6 「ダイエットスリッパ」発明の図面

1）意匠登録第998728号，野上誠，1997.8登録．
2）特開平3-131201，中澤信子，1989.7出願．

間続けることが難しいつま先立ちを自然にできるようにした優れた発明です．新しい機能を付加するのは発明の基本ですが，通常，機能の付加といった場合，「なにかを加える」組み合わせを考えるところを，「加える」とは反対に「減らす」ことで新しい機能を付加したという発想はたいへん参考になると思います．

このスリッパは優れた発明ですが，特許出願されたものの，特許にはなっていません．これは，類似の先行例（**公知例**といいます）があったためと考えられます．

この例のように，公知例があるものは，多くの場合，特許になりません．ただし，発明の特長を違う形で見せられれば，公知例の問題も回避することは不可能ではありません．これについては，第4章でくわしく説明します．

（4）ゴルフクラブ

プロゴルファーは，きれいな弾道で簡単そうにボールを真っ直ぐ飛ばしますが，初心者にとって，ボールを真っ直ぐ飛ばすことはそれほど簡単ではありません．

その問題を解決したのが，北野武さん（ビートたけし）と芳賀隆之さん（所ジョージ）が発明したパラレルハンマーアイアンというゴルフクラブです1)．図1.7は特許出願の図面です．この発明は，北野さんの「パターの延長線上でアイアンを作れねえかなぁ」という言葉から，ハンマーで釘を打つイメージを

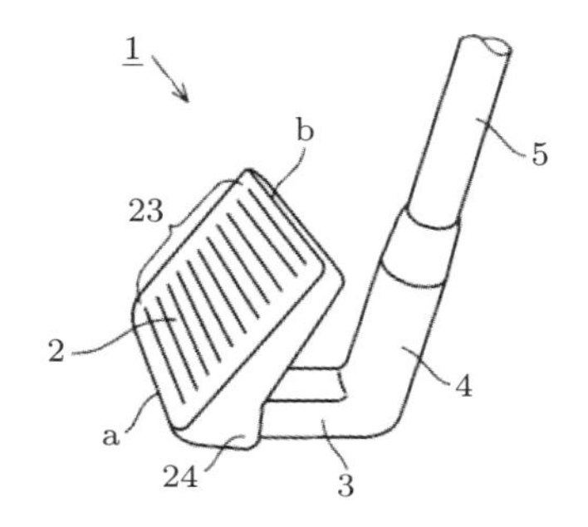

図1.7　「クラブヘッド」発明の図面

1）特開2007-44440，北野武ほか，2005.8出願．

もとに芳賀さんが考え出したといわれています．この発明も，出願後に類似の公知例が発見され，特許にはなっていませんが，他分野の考えを転用して問題を解決した優れた発明です．

ここで紹介した事例のように，私たちの周りにはたくさんの優れた発明があります．このような発明や特許は，分野に関係なく，アイデアを考える際に参考になることが多いので，調べてみるとよいでしょう．

さまざまな知的財産権

人間の幅広い知的創造活動の成果に対して，その創作者に一定の権利保護を与えるようにしたのが知的財産権制度です．特許もこの制度の中で認められている権利です．本書では主に特許しか扱いませんが，特許以外にもさまざまな知的財産権があります（図1.8）．ここでは，各種の知的財産権について簡単にまとめておきます．特許権，実用新案権，意匠権，商標権は産業財産権ともよ

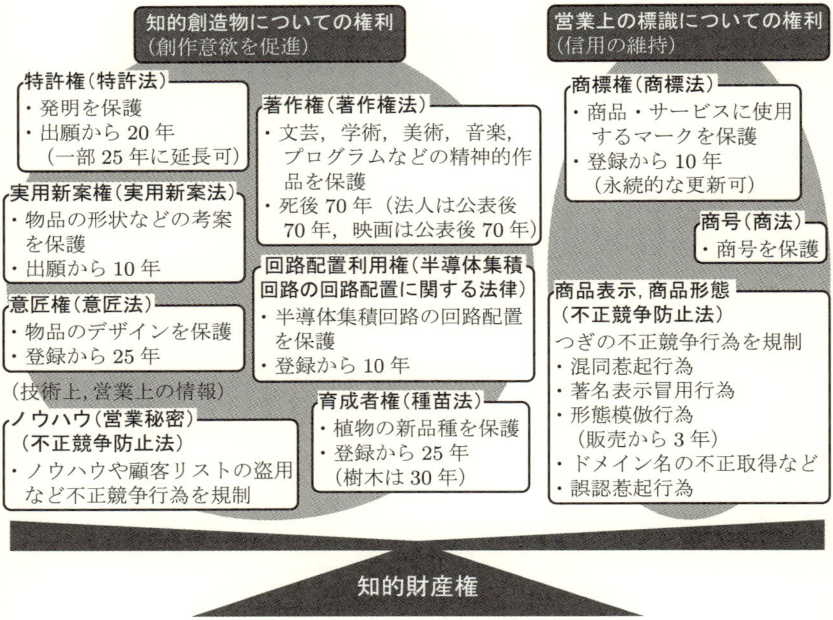

知的創造物についての権利
（創作意欲を促進）

特許権（特許法）
・発明を保護
・出願から20年
（一部25年に延長可）

実用新案権（実用新案法）
・物品の形状などの考案を保護
・出願から10年

意匠権（意匠法）
・物品のデザインを保護
・登録から25年

著作権（著作権法）
・文芸，学術，美術，音楽，プログラムなどの精神的作品を保護
・死後70年（法人は公表後70年，映画は公表後70年）

回路配置利用権（半導体集積回路の回路配置に関する法律）
・半導体集積回路の回路配置を保護
・登録から10年

（技術上，営業上の情報）

ノウハウ（営業秘密）
（不正競争防止法）
・ノウハウや顧客リストの盗用など不正競争行為を規制

育成者権（種苗法）
・植物の新品種を保護
・登録から25年
（樹木は30年）

営業上の標識についての権利
（信用の維持）

商標権（商標法）
・商品・サービスに使用するマークを保護
・登録から10年
（永続的な更新可）

商号（商法）
・商号を保護

商品表示，商品形態
（不正競争防止法）
つぎの不正競争行為を規制
・混同惹起行為
・著名表示冒用行為
・形態模倣行為
（販売から3年）
・ドメイン名の不正取得など
・誤認惹起行為

知的財産権

図1.8 知的財産権の種類

ばれ，特許庁への出願手続きが必要です．

(1) 知的創造物についての権利

知的創造物について認められる権利は，創作意欲の促進を図るためのものです．

◆特許権　物，方法，物を生産する方法の発明を対象として認められる権利です．特許法によって保護されます．取得するには特許庁の審査を受ける必要があります．審査を通れば，出願から最長 20 年間，他者の実施を排除することができます．医薬品と農薬については，5 年を限度として延長が可能です．

特許は，独占的な権利を得る代わりに，発明内容の公開が義務付けられていて，一定期間が過ぎると，その発明は誰でも使用してよいことになっています．そのため，特許出願せず，技術内容を秘密にする場合があります．これについては(3)で説明します．

◆実用新案権　物品の形状，構造，組み合わせに関する考案が対象とされる権利です．出願書類に必要事項の不記載などがなければ，特許庁への出願とともに登録されるので，実質，無審査です．特許と違い，出願には必ず図を添付しなければなりません．実用新案法によって保護されます．実用新案権の存続期間は出願から 10 年です．

権利を行使するには，その前に，実用新案技術評価書を提示して警告しておく必要があります．技術評価書が必要になったら特許庁に請求します[1]．すると，登録要件（2.2 節で説明する特許 7 要件に加えて「物品の形状，構造または組み合わせ」かどうか）が審査され，評価を受けます．ただし，評価結果は目安であり，保証はありません．

特許は出願から特許として認められるまでに長期間かかりますが，実用新案は出願後短期間で登録されるため，早期に実施が開始される技術や短いライフサイクルの製品など，早期の権利保護を求める場合に適しています．

実用新案は，出願後 3 年以内であれば特許出願に切り替えることができます．このため，ひとまず実用新案で出願し，様子を見て特許に変更することも有効な方法です．ただし，特許出願に切り替えると，実用新案権は放棄となるため，特許化がうまくいかなければ，どちらの権利もなくなることになります．表 1.1 に特許と実用新案の違いを示します．

◆意匠権　対象は，使いやすさ，美しさ，つくりやすさなど物品の外観的価値の向上を図る産業的意匠の創作です．意匠法によって保護されます．特許庁

1）請求手数料：42000 円 + 1000 円 × 請求項の数．

表 1.1　特許と実用新案の違い

	特許	実用新案
保護対象	物，方法，物を生産する方法の発明	物品の考案
実体審査	審査官による審査	無審査
権利の存続期間	出願から 20 年	出願から 10 年
権利になるまでの期間	審査請求から約 16 ヶ月	出願から 2 ～ 3 ヶ月
費用（出願から 3 年分）	約 17 万円	約 2 万円
権利の内容	排他的権利	排他的権利（技術評価書が必要）
出願件数（年間）	約 31 万件	約 5000 件

における審査後に登録されると，出願時点から最長 25 年間権利が継続します．

特許には出願公開制度があり，出願から 18 ヶ月後に公開されますが，意匠は登録前に公開されることはありません．製品の特長ある部品は「部分意匠」として出願が可能です．また，特許の成立に自信がもてないものの商品の外観が新しいときには意匠出願が有効です．

2007 年，2020 年の法改正で，「画像」や「建築物」も意匠の保護対象となりました．これにより，スマートフォンなどのディスプレイをもつ電気機器の特徴のある操作画面や，「コメダ珈琲店」のような特徴のある建築物の外観や内装も保護の対象となりました．

◆著作権（文化庁管轄）　文芸，学術，美術，プログラムなどの思想や感情を創作的に表現した著作物を対象とする権利で，著作権法によって保護されます．工業製品などのように同じものを複数生産できるものは対象外とされます．申請や登録といった手続きを一切必要とせず（無方式主義），創作と同時に権利が発生します．保護期間は著作者の生存年間およびその死後 70 年間です．ただし，法人は公表後 70 年，映画は公表後 70 年となっています．

◆回路配置利用権　半導体集積回路の配線パターンや回路素子の配置パターンなどを対象とする権利です．半導体集積回路の回路配置に関する法律によって保護されます．登録から 10 年間保護され，登録事務は（一財）ソフトウェア情報センター（SOFTIC）で取り扱っています．

◆育成者権（農林水産省管轄）　植物の新品種を対象とする権利で，種苗（しゅびょう）法によって保護されます．出願後，審査を通ると登録となり，育成者権が与えられます．審査は特許の書面審査と異なり，出願された植物の品種の栽培試験や現地調査など現物審査が原則です．権利期間は登録後，草本植物で25年，木本植物（果樹，鑑賞樹など）で30年です．育成者権者以外の人が，この品種を利用する場合は育成者権者の許諾が必要になります．なお，動物の品種を保護する法律はありませんが，2.2節で説明する特許7要件を満たす動物は特許の対象となります．

（2）営業上の標識についての権利

自己と他人との営業を区別し，信用の維持を図るための印（営業標識）についても，法律でさまざまな権利が認められています．

◆商標権　商品や役務（えきむ）（サービス）で使用するマーク（文字，図形，記号，音など）を対象としています．商標法によって保護されます．特許庁への出願後に公開を経て審査を受けます．特許の場合，審査請求された出願のみが審査されますが，商標では全件が審査対象となります．審査を通り，登録すると，その時点から10年間保護の対象となります．商標は長年にわたり使用されることが多いので，更新登録の申請によって何回でも更新できます．これを半永久権といいます．ただし，継続して3年以上登録商標を使わないと，他人からの請求によって権利を取り消されることがあります．

2006年4月から地域団体商標制度が導入され，地名と商品名を組み合わせた商標が登録できるようになりました（例：高崎だるま，笠間焼，宇都宮餃子など．2015年3月末までに574件が登録されています）．また，2016年4月から，「音」「色」「動き」なども商標の対象となります．商標には，商品の品質保証や企業の信用・イメージアップにも効果があるので重要視されています．

◆商号　商号とは，自己と他人を区別するためのもので，自分が商売を行う際に用いる名称のことです．商法及び不正競争防止法などにより保護されます．同一の商号は，同一市町村内でも同一住所でなければ使用することができます（新会社法：2006年5月施行）．法務局で登記しますが，個人商店などについては必ずしも登記の必要はありません．ただし，個人で商号を使う場合にも，念のために類似商号の調査をしておくのがよいでしょう．

◆商品表示，商品形態　著名な表示や独特な商品形態は貴重な知的財産です．不正競争防止法では，他人の有名な表示や商品形態と混同を生じさせる模倣行為を禁じています．インターネットにおけるドメインネームの不正取得も禁じられています．

(3) ノウハウ(営業秘密)

発明は，特許出願をすれば，その内容が公開されることで他人に知られてしまうため，特許出願をせず，秘匿しておくのも一つの戦略です．知的財産分野では，このような産業上利用可能な技術や営業の情報であり，秘密にして保持されるものをノウハウ（営業秘密）といいます．

ノウハウは不正競争防止法で保護されますが，何らかの原因でその秘密にしていた情報が漏れると，模倣されても打つ手がない場合が多いため，ノウハウとして管理するのは危険性の高い方法であるといえます．実際，近年では，会社の機密情報が社外に持ち出されるなどして漏洩したことを理由に，企業が従業者や元従業者を相手どって起こす訴訟の件数が増えています．したがって，企業の場合は，普段から社内の秘密保持のルールなどをしっかりと定め，秘密情報管理体制を確立しておく必要があります．万一，社員あるいは第三者の行為で社外に漏れた場合，その不法性を主張するためにも管理がきちんと行われていたことを証明できるようにしておく必要があります．

また，その情報と同じ技術について他人が特許を取得し，あとで侵害と主張される可能性があります．これに対抗できるように，その他人の特許出願の前からその技術を先行して実施していたこと（先使用による実施権が法定されている）を証明できる証拠資料（製作図面，事業計画書など）を保管しておくことも必要です．

発明を特許にするかノウハウにするかは，上記のようなことをふまえ，慎重に考える必要があります．

第2章 特許の基本

前章で少しふれたように，特許を取得するには，特許庁に出願する必要があります．本章では，その手続きの流れ，また，審査の際に確認される，特許として認められるために満たしておかなければならない要件，および出願書類について説明します．

出願手続きなどをエンジニア自身がすることは少ないと思いますが，知的財産（知財）部門や社外の弁理士と相談する際などに円滑に話を進めるためにも，エンジニアもおおまかに特許の出願手続きを理解しておくとよいでしょう．

2.1 特許出願から特許取得までの流れ

特許の出願手続きは，所定の書類を特許庁に提出することから始まります．図 2.1 に特許出願から特許取得までの流れを示します．特許出願をすると，まず方式審査が行われます．出願から 3 年以内に審査請求をすると，審査官による実体審査が行われます．そこで，特許の要件を満たしていれば，特許査定となり，特許料納付の確認後に特許原簿に登録され（設定登録），特許権が成立します．ここでは，特許出願の方法，方式審査や実体審査でどのようなことが行われているかを簡単に説明します．

2.1.1 特許出願

特許出願にあたり，特許庁に提出する書類はつぎのものです．

① 特許願（願書）
② 明細書
③ 特許請求の範囲
④ 要約書
⑤ 図面

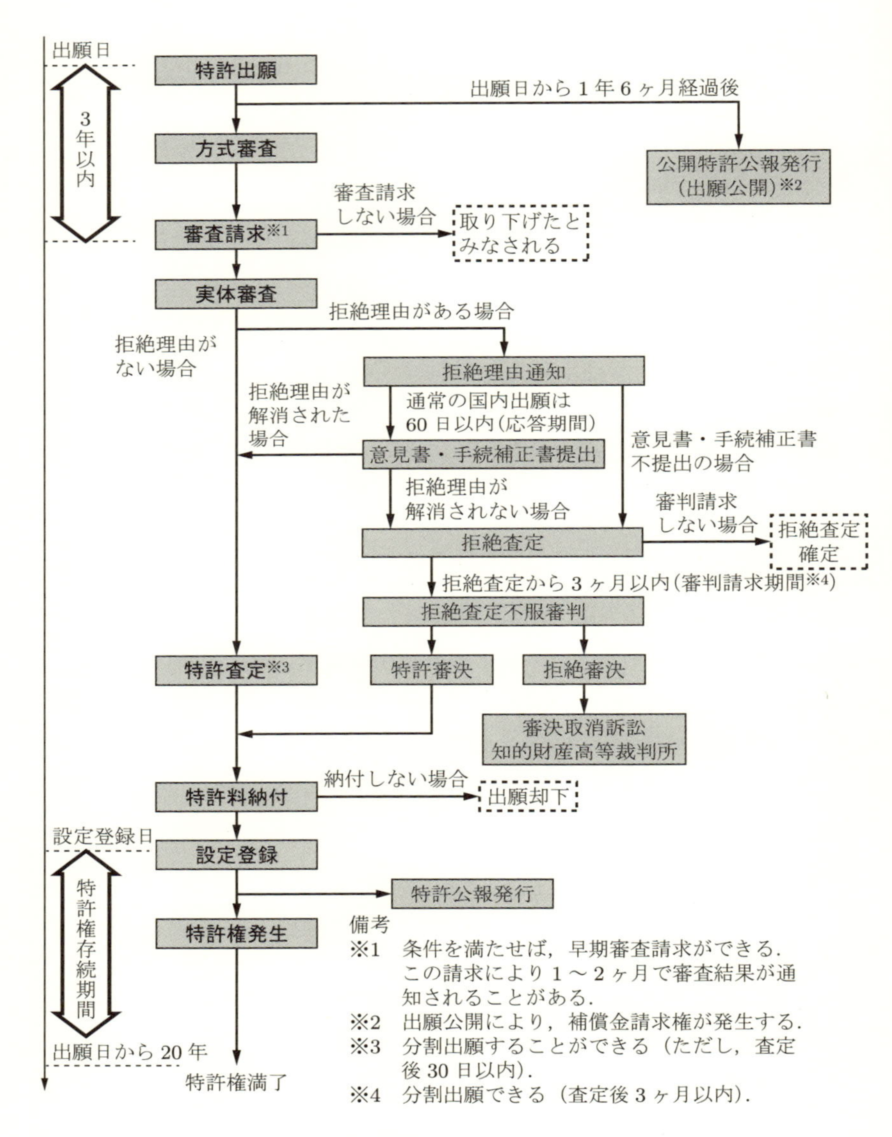

図 2.1　特許出願から特許取得までの流れ

これらは，それぞれに所定の様式があります[1]．開発した製品の説明書や研究論文などのような所定の様式でないものでは，審査は受けられません．提出書類については，2.3 節でくわしく説明します．

特許出願には，書面による出願とインターネットによる出願があります．書面による出願の場合，特許庁の出願支援課窓口に直接持参する方法と，郵送による方法があります．出願時に，通常の出願手数料に加え，別途電子化に要する手数料[2] を特許印紙によって納入します．

2005 年から始まったインターネットによる出願の場合は，所定の認証局が発行する電子証明書を購入し，インターネット出願ソフト（無料）を端末機器にインストールしてそこから出願します．特許料や手数料などの料金は，あらかじめ特許庁に納め（予納といいます），予納台帳番号をもらっておく必要があります．特許庁に支払う出願料は 14000 円です．納付手続きなどについて不明なことがあれば，各都道府県の知財総合支援窓口で確認することができます．

特許以外の知的財産権である実用新案，意匠，商標（第 1 章末参照）の場合も，所定の様式に従って特許庁に出願します．

特許出願すると特許庁は審査に入るわけですが，それとは別に，出願した日から 1 年 6 ヶ月が経過すると，特許庁は書類の内容を掲載した公開特許公報を発行し，出願内容を一般に公表します．これは，出願件数が増大したことや技術内容が高度化したため，特許審査の処理に時間がかかるようになり，公表が遅れがちになった結果，重複した発明が出願されるという問題が起こるようになったために，1970 年（昭和 45 年）に導入された制度です．これを**出願公開制度**といいます．原則としてすべての出願が公開されます．

1）2007 年 11 月，日米欧の三極特許庁は，どの特許庁にも出願できる共通の明細書など（明細書，特許請求の範囲，要約書，図面）の様式（共通出願様式）について合意しました．この共通出願様式は，PCT（特許協力条約）様式をもとに作成されたもので，これにより利便性の向上およびコストの削減が期待されます（2009 年施行）．

2）提出書面の電子化手数料：基本料金 1200 円 +（700 円 × 枚数）．

補償金請求権

特許出願内容の公開は公衆の利益にはつながるものの，出願人にとっては他人に模倣される危険が高まります．そこで，特許権の設定登録までの間に業としてその発明を実施した者に対して，出願人が出願公開された特許出願にかかわる発明の内容を記載した書面を提示して警告をした後，その発明が特許された場合，実施料相当額の補償金の支払いを請求できます．これを**補償金請求権**といいます（特許法第65条）．

そのほかの出願方法

新規の特許出願のほかに，特殊な方法として以下の特許出願があります．

◆国内優先権制度を利用した出願　すでに出願されている特許出願または実用新案登録出願を基礎として新たな出願をする場合は，基礎とした特許出願などを出願した日から1年以内に限り，その出願に基づいて優先権を主張することができます．新たな出願にかかわる発明のうち，先に出願されている発明については，当該先の出願のときにされたものとみなすという優先的な取り扱いを受けます．この制度は，実施例や代案・変形例の補充などに利用できます．

◆特許出願の分割　二つ以上の発明を包含する出願の場合は，その中の一つまたは二つ以上の発明を取り出して，新たな特許出願とすることができます．この新たな出願は，もとの特許出願のときに出願されたものとみなされます．2007年4月1日以降の出願については，特許査定後30日以内または拒絶査定後3ヶ月以内であれば分割出願が可能です．分割出願は戦略的な面で有効です．これについては4.2節でくわしく説明します．

◆出願の変更　特許出願，実用新案登録出願，意匠登録出願は，相互に出願形式を変更することができます．実用新案登録出願をしてから様子をみて，特許出願に変更する戦略については第1章の章末で説明しました．出願変更をすると，元の出願は取り下げられたものとみなされます．

自ら進める事業の進み具合や，競合会社の動き，社会情勢の変化に応じて適切に上記の出願を使い分けるとよいでしょう．

2.1.2 方式審査

特許出願後，最初に行われるのが**方式審査**です．ここでは，出願書類や各種手続きが法令で定められた方式に適合しているかどうかが調べられます．また，出願人の資格や必要な手数料が納付されているかどうかも調べられます．

書類が定められた様式に従っていなかった場合には，補正指令が出され，指定期間内（原則 30 日）に補正しなければ出願は却下されます．

出願後 1 ヶ月を経過しても補正指令がなければ，その出願は方式審査を通過したと考えてよいでしょう．

2.1.3 実体審査

方式審査を通過した出願は，特許庁に対して**出願審査請求**を行うと，**実体審査**に入ります．請求しなければ，実体審査は始まりません．請求は，出願人でない第三者でも行うことができます．実体審査では，審査官によって特許になるかどうかの実質的な審査が行われます．

出願審査請求をする場合は，特許出願から 3 年以内[1] に出願審査請求書を提出しなければなりません．3 年以内に請求がなければ，その出願は取り下げられたものとみなされます．

この出願審査請求制度があることで，実体審査が効率的になります．それは，出願後に，その発明の権利化の必要性がないことに気づいたり，状況の変化により出願を維持する必要がなくなったりして，出願を取り下げることがあるからです．このしくみは，出願する側も，費用を無駄にしなくて済むという利点があります．というのは，出願審査請求時には，個人や中小企業に対して減免する措置はあるものの，手数料としてつぎの高額な審査請求料が必要になるからです．

審査請求料：138000 円 +（請求項の数 × 4000 円）
（2019 年（平成 31 年）4 月 1 日以降の出願）

出願した発明が，自分の事業化や他社の状況などを考慮して，特許を取得するだけの価値があるかどうかなどをよく見極めてから請求するとよいでしょう．出願から 1 年 6 ヶ月後に出願が公開されるので，そのときが，出願審査請求をするかどうかを判断するひとつの目安になります．

1）2001 年（平成 13 年）9 月 30 日以前の出願は 7 年以内．

減免制度

資金に乏しい個人・法人，研究開発型中小企業などを対象に，審査請求料および特許料を免除，1/2 または 1/3 に軽減する優遇・支援制度があります．軽減申請の様式詳細や国際出願促進交付金については，特許庁の Web サイトで確認ができます．また，都道府県ごとに知財総合支援窓口が設置されているので、不明なことがあれば相談するとよいでしょう．

実体審査において，審査官が特許法第 49 条に定める拒絶理由があると考えた場合は，その旨が出願人に通知されます．これを**拒絶理由の通知**といいます．

拒絶理由の通知が届いても，それで特許取得ができなくなったわけではありません．指定期間内に意見を述べる機会が与えられるので，意見書や手続補正書を提出することができます．通常の指定期間は，国内居住者であれば通知後 60 日，在外者であれば 3 ヶ月です．

① 意見書

審査官の拒絶理由に対して，反論するために提出する書類を意見書といいます．反論の余地があるのであれば，具体的かつ論理的な記述で意見書にまとめます．手続補正書を同時に提出するときは，その内容を説明し，その内容に基づいて反論します．拒絶理由で，公開特許公報や論文などの先行文献が引用されていれば，その先行文献を取り寄せて確認し，検討したうえで，意見書をまとめるのがよいでしょう．

② 手続補正書

拒絶理由を解消するために，特許請求の範囲などの提出書類を補正することもできます．この補正を目的として提出する書類を手続補正書といいます．提出書類の記載に誤記など不備があると指摘された場合も，手続補正書で補正します．ただし，新規事項の追加は認められず，出願書類に記載された技術事項の範囲内での補正に限られます．なお，特許請求の範囲を補正する場合には，明細書のどの記載を根拠に補正したのか意見書で明らかにします．

手続補正書を提出後に，ふたたび拒絶理由の通知が届くことがあります．これを**最後の拒絶理由通知**といいます．ここでも，あらためて意見書や手続補正書を提出することはできますが，補正できるのはつぎの内容に限定されています．

① 請求項の削除
② 請求範囲の減縮
③ 誤記の訂正
④ 不明瞭箇所の釈明

実体審査の結果は，権利として承認する特許査定か，承認しない拒絶査定のどちらかになります．

（1）特許査定

実体審査で拒絶理由が発見されなかった場合，あるいは意見書や手続補正書の提出によって拒絶理由が解消された場合には，審査官はその出願について**特許査定**を行います．実体審査では，次節で説明する要件について確認され，すべての要件を満たしていることが認められた場合，特許査定の謄本が出願人に送付されます．特許査定の謄本が届いたら，出願人は，送達された日から 30 日以内に，第 1 年から第 3 年分の特許料を一括して納付します．特許料を納付すると，特許権の**設定登録**が行われ，晴れて権利として認められたことになります（特許法第 66 条）．納付期間内に特許料の納付がないと，出願は棄却されてしまうので注意が必要です．

特許権として設定登録されると，特許公報が発行され，その内容が公表されます．また，出願人に特許番号と権利が発生する登録日が記載されている**特許証**が送付されます．ほとんどの出願は審査を通して補正されます．このため，特許公報は，出願から 1 年 6 ヶ月で公開される公開特許公報とは，多くの場合，特許請求の範囲などが異なります．補正箇所はアンダーラインを付して明示されます．

（2）拒絶査定

拒絶理由に対する出願人の意見書または手続補正書が，拒絶理由を解消していないと審査官が判断した場合，あるいは出願人側から意見書などが提出されなかった場合は，**拒絶査定**となり，審査が終了します．

拒絶査定を受けた場合で，その査定に不服があるときには，拒絶査定に対する不服審判を請求できます．審判の実体的な審理は，請求人の主張に基づいて行われます．請求期間は拒絶の査定謄本の送達があった日から 3 ヶ月以内であり，補正をする場合は請求と同時にしなければなりません（2009 年 4 月から施行）．さらに，審判の決定（審決）に不服な場合は，知的財産高等裁判所に提訴できます．

2014 年度末の時点で，約 25 万件の審査待ち出願があり，出願審査請求をしてから実体審査が行われるまでの期間は平均 10.4 ヶ月となっています．審査着手の時期の見通しは，ビジネス上たいへん重要です．審査請求されている特許出願について，具体的に審査着手予定時期や審査着手後の状況を特許庁の Web サイトを通して確認することができます．

急ぎで審査してもらう必要がある場合は，早期審査を申請します．申請すると，他の出願に優先して審査が行われます．無料で利用できますが，条件として，特許出願に出願審査請求がされていること，出願人が中小企業，個人，教育機関，TLO（技術移転機関）などであること，または製品を実際に製造販売している場合に限られます．製品への早期適用，外国での権利化，ライセンス契約などビジネス上の戦略としての必要から年間 17000 件以上（2015 年度）の活用があり，申請から審査着手までの期間は平均 2.3 ヶ月です．実施関連出願および外国関連出願の条件を満たせばスーパー早期審査という形式もあり，その場合は審査に要する期間が平均 0.8 ヶ月とさらに短くなります．2015 年度の申請は 554 件でした．

2.2 特許 7 要件

実体審査では，図 2.2 に示す 7 つの要件を満たしているかどうかが確認されます．発明が特許として認められるには，この 7 つの要件すべてを満たしている必要があります．満たしていない要件が一つでもあれば，前節で説明したように，拒絶理由の通知があります．各要件を順に説明していきます．

2.2.1 産業上利用できる自然法則を利用した技術的思想か

特許法では，**発明**を「自然法則を利用した技術的思想の創作のうち高度なも

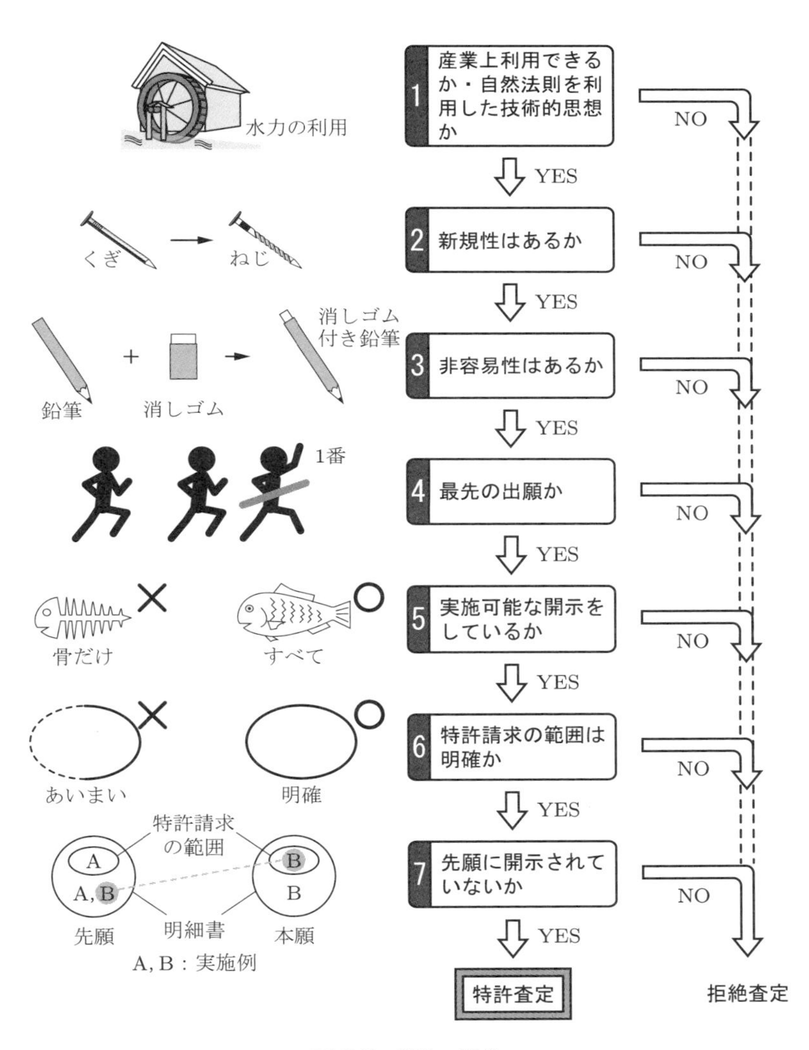
水力の利用
くぎ
ねじ
鉛筆
消しゴム
消しゴム
付き鉛筆
1番
骨だけ
すべて
あいまい
明確
特許請求
の範囲
A
A, B
B
B
先願
明細書
本願
A, B：実施例
1 産業上利用できるか・自然法則を利用した技術的思想か
YES
2 新規性はあるか
YES
3 非容易性はあるか
YES
4 最先の出願か
YES
5 実施可能な開示をしているか
YES
6 特許請求の範囲は明確か
YES
7 先願に開示されていないか
YES
特許査定
NO
拒絶査定

図 2.2　特許７要件

の」と定義しています（特許法第2条）．この定義に従い，一つ目の特許要件は，産業上利用できる自然法則を利用した発明であるかどうかです．自然法則とは，万有引力のような科学的に成り立っている法則のことです．たとえば，図 2.2 に示すように，水車を回して発電や粉挽きなどをする発明であれば，高い所から低い所に水が流れる自然法則を利用しているので，この条件を満たしているといえます．人間が考え出した暗号文の作成方法，計算手法やアルゴリズムなどは，自然法則を利用しているとはいえないので，発明として認められません．なお，自然法則自体も発明にはなりません．

人間が手を加えた微生物，**遺伝子操作した植物や動物に関する発明**は，自然法則を利用しているものとして，特許として審査される対象となります．

目的や着想だけで発明として未完成なもの（未完成のアイデア）や，いわゆる永久機関は，産業上利用できる自然法則を利用した技術的思想でないとされます．

ただし，アルゴリズムのようにそれ自身は自然法則を利用していなくても，自然法則を利用しているコンピュータと協動することによってシステム全体として自然法則を利用していれば，特許として認められる可能性があります．同様に，**コンピュータプログラム**は，技術的思想の一つとして考えることもできるので，物として特許の対象とされています（著作権の対象でもあります）．

人間に対する医療行為に関する発明は，米国では特許の対象ですが，日本では産業上利用できないとして特許の対象とされていません．

2.2.2 新規性はあるか

新規性があるとは，同じものが過去にないことです．出願時に同じ発明がすでに知られていれば（公知といいます），新規性は認められません（特許法第29条第1項）．第1章で紹介した，特許にならなかったスリッパやゴルフクラブは，いずれも新規性を満たしていませんでした．

図 2.2 に示すように，くぎが公知例としてあるときに，ねじを発明した場合は，使用目的が似ていても構造やはたらきに違いがあるので，新規性は認められます．しかし，この場合は，つぎの「非容易性はあるか」どうかが検討されることになります．

2.2.3 非容易性はあるか

非容易性（**進歩性**）[1] とは，その技術分野において通常の知識をもっている人（当業者[2] といいます）が，ある公知例から容易に思いつくことができないことをいいます．新規性は，公知例と同じかどうかを問題にしますが，非容易性は同じでなく，差があっても，当業者が容易に考えつくものであるかどうかを問題にします．非容易性は一つの公知例からだけでなく，複数の公知例の組み合わせから判断されることもあります．

たとえば，鉛筆と消しゴムがそれぞれ独立して知られているときに，鉛筆の一方の端に消しゴムを取り付け，消しゴム付き鉛筆をはじめて発明したとします．この場合は「同じ文房具である鉛筆と消しゴムを単に寄せ集め，それぞれは本来もっている機能を果たしているにすぎない」と判断され，容易に考えられるとして非容易性が認められないでしょう．

一方，組み合わせに工夫があり，それによって両者それぞれの効果（良さ）以上の新しい効果（良さ）が生じている場合には，非容易性が認められます．たとえば，消しゴム付き鉛筆の場合でも，鉛筆の木の鞘（さや）を利用して，一端の芯が入る穴部分の径を少し大きくし，そこに消しゴムを埋め込むような工夫をほどこせば，木の鞘が鉛筆と消しゴムの両方の持ち手となり，必要に応じて消しゴムを取り囲む鞘を削って利用できるという，いままでになかった新しい効果が生まれているとして，非容易性が認められる可能性が高くなるでしょう（3.1節〈例〉消しゴム付き鉛筆参照）．

非容易性の有無を確認するには，自分の発明にもっとも近い公知例を探し出し，それと比較して，「新しく加わった効果がある」「効果が著しく増した」「欠点が除かれた」など，その分野特有の**新しい効果**があるかを検討してみるとよいでしょう（3.1 節参照）．つぎに，構造・材料・材質・方法・組み合わせの違いなどに注目し，なぜ新しい効果が生じたのかといった理由（原因）と具体的内容を検討し，それを発明内容の骨子とします．これについては，第 3 章で

1）非容易性は，進歩性ということもあります．ただし，条文では発明の進歩の有無ではなく，発明行為が容易であったかどうかを判断することを要請しているため，本書では特許法の条文（特許法第 29 条第 2 項）に従い，非容易性という用語を使います．

2）当業者には，審査官，審判官も含まれます．

くわしく説明します.

2.2.4 最先の出願か

同じ発明を複数の人が出願する場合があります. 日本は**先願主義**をとっているので, こういった場合, 特許庁に最初に出願した人に特許権が与えられます. このとき, 発明が完成した日は考慮されませんので, 発明をしたらできるだけ早く出願したほうがよいでしょう. 世界の中で米国だけが, 特許出願していなくても先に発明したものに特許権を与える**先発明主義**をとっていましたが, 2013年から日本などと同じ先願主義となりました.

2.2.5 実施可能な開示をしているか

特許法では, 権利を認める代わりに, 発明内容の公開が義務付けられています. そのため, 発明が十分に開示されているかどうかも問われます. 特許願に添付する明細書や図面には, 当業者が実施できる程度に詳細かつ具体的に発明内容を記述する必要があります. 図2.2に示すように, 骨だけでは駄目です. 記載が不十分な場合は, 発明を実施することができないので, 記載要件（特許法第36条第4項）違反として拒絶されます.

2.2.6 特許請求の範囲は明確か

権利を求める技術的範囲は, 特許請求の範囲の記載によって定まります（特許法第70条）. 特許請求の範囲は, 第三者が特許の技術的範囲の境界がどこにあるのか理解できる必要があるため, 明確に記載しなければなりません（特許法第36条第6項）. 図2.2に示すように, あいまいなところ（点線部分）があってはなりません.

2.2.7 先願に開示されていないか

出願された発明が, 他人の先願に添付された明細書や図面に記載されていれば, 特許を受けることはできません. たとえば, 図2.2に示すように, 先願の特許請求の範囲（A）に示されていなくても, 明細書または図面に, 実施例（B）が記載されていた場合, すでに先願に開示されているとして後願の特許請求の範囲（B）は特許を受けることができません．ただし，これは出願前にはわからないので，審査時にこの要件を満たしていないと判断された場合に対応を考えます．

事前にわからない7つ目の要件である「先願に開示されていないか」は除き，「産業上利用できる自然法則を利用した技術的思想か」「新規性はあるか」「最先の出願か」「実施可能な開示をしているか」「特許請求の範囲は明確か」の要件については，出願前に公知例調査をしっかり行い，十分に吟味して明細書の記載内容を充実させておけば，問題になることはあまりありません．しかし，「非容易性はあるか」については，そう簡単ではありません．それは，審査するのが人間であるため，発明のとらえ方によって結果が大きく変わることがあるからです．実際，拒絶理由の9割以上は，非容易性についてです．つまり，この非容易性の示し方（主張の仕方）が特許取得を左右する重要なポイントになります．非容易性の示し方については，第3章でくわしく説明します．

2.3 出願書類

2.1.1項で説明したように，出願書類には，特許願（願書），明細書，特許請求の範囲，要約書，図面があります．エンジニアの場合，立場によっては，実際に出願書類を書かないこともあると思いますが，発明のどういった点が特許として認められるのか，どういった特許が有効なのかという視点を養うためにも，出願書類はどのような内容になっているのがよいのか，理解しておきたいものです．ここでは，各種書類でどのようなことをまとめる必要があるか，記述ポイントを中心に説明します．

2.3.1 特許願（願書）

特許願とは，出願書類の「表紙」に相当するもので，発明者，特許出願人は誰かといった基礎事項を記載します．一般に願書といわれています．図2.3に特許願の様式（特許法施行規則様式第26）を示します．

発明者には，発明した人を記載します．必ず人間でなくてはなりません．発明を共同して行った場合を**共同発明**といいますが，この場合は複数の発明者を

【書類名】	特許願
【整理番号】	63-A-1-A
【提出日】	平成 20 年 6 月 1 日
【あて先】	特許庁長官殿
【国際特許分類】	A01B　　1/00
	A01C　　1/01
【発明者】	
【住所又は居所】	東京都千代田区霞が関 1-3-1
【氏名】	発明一郎
【特許出願人】	
【識別番号】	300000001
【住所又は居所】	東京都千代田区霞が関 3-3-3
【氏名又は名称】	特許株式会社
【代理人】	
【識別番号】	100000001
【住所又は居所】	東京都千代田区霞が関 3-3-5
【弁理士】	
【氏名又は名称】	代理一郎
【電話番号】	03-3123-XXXX
【ファクシミリ番号】	03-3123-YYYY
【手数料の表示】	
【予納台帳番号】	123456
【納付金額】	14000
【提出物件の目録】	
【物件名】	明細書　　1
【物件名】	特許請求の範囲　1
【物件名】	要約書　　1
【物件名】	図面　　1

図 2.3 特許願の例

記載しなければなりません．実験の手伝いをしただけの人や資材や資金を提供しただけの人は発明者として認められません．本来の発明者以外の人を偽って発明者とした場合は，登録後でもその特許は無効になります．

発明者のつぎに記載する**特許出願人**とは，特許を受ける権利を有し，特許出願をする人です．特許出願人は，特許として認められた場合に権利を行使することができる人（特許権者）になります．特許出願人と発明者を同じにしている場合もありますが，特許を受ける権利は承継や譲渡ができるため，必ずしも発明者である必要はなく，企業などの法人が特許出願人になっている場合が多くみられます．

共同発明の場合や，発明者と別に費用負担者がいる場合などによくみられる特許出願人が複数いる出願を**共同出願**といいます．共同出願した発明が特許化された場合，複数の特許出願人で権利を共有することになります．この特許を**共有特許**といいます．共有特許の場合，自分の持分だけだとしても，第三者に譲渡したり実施を許諾したりするときには，他の特許権者の同意を得る必要があります．共有特許はトラブルの原因にもなりやすいので，権利の持分比率，出願や維持管理費の負担配分などをあらかじめ決めておくことが大切です．

特許出願人が未成年者の場合は，親権者である両親など成人が法定代理人として出願手続きをする必要があります．ただし，結婚している場合や営業の許可を受けている場合など，独立して法律行為をすることができる場合は，未成年者であっても特許出願人になることができます．

会社に勤める従業者が会社の仕事として研究開発し，完成させた発明は，**職務発明**といいます．職務発明の場合，職務発明規定などにより，給料，設備，研究費などの提供により，会社も発明の完成に貢献したと判断され，特許を受ける権利を使用者である会社に帰属させることができます（2015 年 6 月より）．会社はその代償として**相当の対価**を従業者に支払う必要があります．大学や中小企業の一部などは，選択により従業者に帰属させることもできます．この場合，使用者は無償の実施権をもちますが，その代償として相当の対価を従業者に支払う必要があります．

2.3.2 明細書

明細書とは，具体例を示しながら発明の内容を詳細に記載するものです．図 2.4 は，明細書の一例（特許法施行規則様式第 29）です．「実施可能な開示をしているか」という特許要件があることからわかるように，第三者にも発明内容が十分理解できるように，記載されている必要があります．このため，提出前には，関係者にも読んでもらい，確認するとよいでしょう．権利の及ぶ範囲を決める**技術的範囲**（権利範囲ということもあります）は，特許請求の範囲と明細書の記載を考慮して決めるもの（特許法第 70 条第 1 項および第 2 項）なので，十分注意して記載する必要があります．

明細書の作成にあたっては，まず発明を整理することが大切です．一般的に，目的，構成（手段），効果の観点から発明を整理するとよいでしょう．表 2.1 は，3.2.1 項で説明するエスカレータの発明の内容を整理した例です．

表2.1 発明の整理方法

発明の整理の観点		エスカレータの場合
目　的	何を得ようとしているのか	視野が広く開放感のある全透明エスカレータを提供する
構成（手段）	どのように実現するのか	ハンドレールを欄干端部の外周に設けた複数のコロで案内支持し，移動可能にする
効　果	具体的に何が得られるか	欄干端部の大径駆動車を取り除くことができ，視野も広く開放感のある全透明エスカレータを提供できる

明細書全体を通して，発明の目的，構成（手段），効果の記載内容が論理的に一貫している必要があります．三つのうち一つでも内容について矛盾や説明不足があれば，それがボトルネックとなり，発明の技術的意義が十分理解されなかったり，技術的範囲を狭く解釈されたりすることがあるので，注意してください．

上記の点を注意して，図2.4の様式に従って書けば，比較的簡単に明細書は作成することができます．明細書に記載する各項目についての注意点を簡単に説明します．

【発明の名称】 発明の内容を，もっとも適切に表す名称を簡明に記載します．技術的範囲が狭く解釈されるような限定的な名称は避けます．一方で，あまりにも抽象的な名称も好ましくありません．たとえば，表2.2に示すようなメルアドやGTなどの略称や，自分が商標登録した商品の名称，独りよがりな表現は不適切です．他人の登録商標や商品名（味の素，セメダイン，ポジスタなど）を使用することもできません．

物の発明とその物を製造する方法の発明など，複数の発明が含まれている場

表2.2 発明の名称の例

良い例	悪い例
メールアドレス	メルアド
ガスタービン	GT
調味料	味の素
接着剤	セメダイン
正特性サーミスタ	ポジスタ

【書類名】明細書
【発明の名称】搬送装置
【技術分野】
【0001】
本発明は，人の移動に供する搬送装置に関するものである．
【背景技術】
【0002】
従来は，下記特許文献に記載されているように，欄干の上下両端の折り返し部の内部にハンドレールを駆動する大径の駆動車が配置されている．
【先行技術文献】
【特許文献】
【0003】
【特許文献 1】特開 20XX- ○○○○○○号公報
【発明の概要】
【発明が解決しようとする課題】
【0004】
従来は，欄干の上下両端の折り返し部内部にハンドレールを駆動する大径の駆動車が配置されているため，両端折り返し部を透明にすることができなかった．
本発明は，大径の駆動車を取り除いて折り返し部を透明にし，視野が広く重圧感のない搬送装置を提供することを目的とするものである．
【課題を解決するための手段】
【0005】
前記目的を達成するために本発明は，人等を乗せて搬送する搬送部材，この搬送部材と同速度で移動するハンドレール，このハンドレールを案内枠で案内支持するものにおいて，案内枠端部の半円径部の外周部に案内手段を設け，前期ハンドレールを案内するように構成したものである．
【発明の効果】
【0006】
本発明は，折り返し部の外周に設けた案内手段によってハンドレールを案内するように構成したので，折り返し部を透明にすることができ，視野が広く重圧感のない搬送装置を提供することができる．
【図面の簡単な説明】
【0007】
【図 1】本発明の一実施例を示す正面図．
【図 2】本発明の他の例を示す側面図．
【0008】
【発明を実施するための形態】
【0009】
以下，本発明の一実施例の形態について説明する．
【0010】
図 1 は，エスカレータの設置状態を示すもので，搬送装置の一例である．図 1 において，1 は床や階段に設置すべき構造物である．2 は踏み板，3 は案内枠で，この案内枠 3 の外周にはコロやベアリングなどの案内手段 4 を設けている．案内手段 4 はハンドレール 5 を案内可能に支持しているものである．（以下省略）
【符号の説明】
【0011】
2…踏み板，3…案内枠，4…案内手段，5…ハンドレール，（以下，省略）

図 2.4 明細書の例

合は，つぎの例のように表現するのが適切です．

〈例 1〉 半導体と半導体の製造方法

〈例 2〉 エレベータおよびエレベータの開閉扉

〈例 3〉 電動機および電動機の制御方法

【技術分野】 つぎの例のように，特許を受けようとする発明の技術分野を簡潔に表現します．

〈例 1〉 本発明は，家庭用の洗濯機に関するものである．

〈例 2〉 本発明は，人の移動に供するエスカレータに関するものである．

【背景技術】 出願時に知られている従来技術を，注釈なしで事実のままに説明します．

【先行技術文献】 特許文献や非特許文献を記載します．つぎに示すように，内容を記載せず，文献名のみを記載します．複数の特許文献がある場合は，番号を変えて連続して記載します．

- 【特許文献】 特許を受けようとする発明に関連する公知の公開特許公報の番号を記載します．

  〈例〉【特許文献 1】特開 20XX－○○○○○○号公報
  　　　【特許文献 2】特開 20XX－○○○○○○号公報

- 【非特許文献】 特許文献以外の文献がある場合は，著者，書名，発行年月日，記載箇所などをつぎのように記載します．

  〈例〉［非特許文献 1］○○○○著，「△△△△」，××出版，○○○○年△月△△日発行，P. ○○ ～ ○○

【発明の概要】「発明が解決しようとする課題」「課題を解決するための手段」「発明の効果」を記載します．

- 【発明が解決しようとする課題】 背景技術に記載した従来技術の課題・問題点や本発明の目的を簡潔に記載します．

  〈例 1〉 従来は○○○で△△△の課題を有している．本発明は前記従来の課題を解決するもので□□□することを目的とするものである．

  〈例 2〉 本発明は従来の製法のかかる欠点を除去し，所期の電気的特性を得る簡便な方法を提供するものである．pn 接合を有する大面積半導体薄片をろう材を介して複数個積み重ね，加熱接着せしめた後，これを

所要の大きさに切断するものである．（3.3.3 項（2）複合半導体ダイシング特許の例参照）

〈例 3〉 従来は欄干上下両端の折り返し部内部にハンドレールを駆動する大径の駆動車が配置されているため，両端折り返し部を透明にすることができなかった．本発明は大径の駆動車を取り除いて複数のコロで転動案内するようにして，折り返し部を透明にし，視野が広く重圧感のないエスカレータを提供することを目的とする．（3.2.1 項（4）透明欄干エスカレータの例参照）

- 【課題を解決するための手段】「発明が解決しようとする課題」で述べた目的を達成する手段・構成を記述するもので，特許請求の範囲の構成を記載します．

〈例〉 本発明は○○○○（特許請求の範囲に一致させる）のように構成したものである．

- 【発明の効果】「発明が解決しようとする課題」で述べた目的に対応する発明の効果を簡潔に記載します．具体的には，「本発明は□□□することを目的とする．」を引用して「本発明は□□□することができる．」とします．

発明の効果は，技術的範囲を定めるうえでとくに重要です．このため，特許請求の範囲や目的と過不足がないよう注意が必要です．第 4 章で説明する主たる効果を書き，特許請求の範囲に関係しない効果は記載しないようにします．非容易性を強く主張するあまり，むやみに多数の効果を記載すると，活用の段階で記載した効果すべてを達成するものしか対象とならず，技術的範囲が狭く解釈されてしまう恐れがあります．いろいろな実施例にそれぞれ固有の効果がある場合には，実施例固有の効果として実施例の記載の続きで記述するとよいでしょう．明細書の最後に「上述したいずれかの実施例は○○，△△，××のいずれかの効果がある」と，択一的かつ網羅的に列記するのも良い方法です．

〈例 1〉 本発明の方法で素子を製作すれば，従来の半導体複合素子に見られた，ろう材の流れの不均一による短絡や不完全接続が起こりえないので，良好な半導体複合素子が得られるのみならず，製造工程を著しく

簡略化することができる．（3.3.3 項（２）複合半導体ダイシング特許の例参照）

〈例 2〉 本発明は，折り返し部の外周でハンドレールを転動案内するように構成したので，折り返し部を透明にすることができ，視野も広く重圧感のないエスカレータを提供することができる．（3.2.1 項（４）透明欄干エスカレータの例参照）

【図面の簡単な説明】 図面がある場合は，つぎのように簡単に順を追って説明します．

〈例 1〉【図 1】本発明の一実施例を示す縦断面図．

〈例 2〉【図 2】本発明の他の例を示す左側面図．

〈例 3〉【図 3】本発明の○○○を示す平面図．

【発明を実施するための形態】 実施例，産業上の利用可能性を記載します．

- 【実施例】その技術分野に属する通常の知識をもつ人が，その発明を実施できる程度に発明の実施の形態を詳細にかつ具体的に記載します．必要があるときは，その製造方法や使用方法なども記載します．実施例が複数あるときは，【実施例 1】，【実施例 2】のように記載する順序により連続番号を付して説明します．各実施例で特有な効果も実施例ごとに記載します．
- 【産業上の利用可能性】必須ではありませんが，発明が試験方法のように産業上利用できるか明らかでない場合は，その発明の応用分野，使用方法などを記載します．

【符号の説明】 特許請求の範囲に記載した発明の主要な構成部品については，その名前とともに記述します．全部の構成部品を記述する必要はありません．

〈例〉 2…踏み板，3…案内枠，4…案内手段，5…ハンドレール

2.3.3 特許請求の範囲

特許要件「特許請求の範囲は明確か」で確認されるのが，**特許請求の範囲**です．発明を特定するのに必要なすべての事項を記載します．「新規性」や「非容易性」の有無の判断の根拠となる発明の技術的定義を明確かつ簡潔に記載します（特許法第 36 条第 5 項）．米国出願にならって，特許請求の範囲をクレームということがあります．特許請求の範囲によって権利の及ぶ範囲（技術的範

囲）が決まります（特許法第 70 条）．不用意に必要のない事項を記載すると技術的範囲が限定され，他人の模倣を招くことになるので，注意が必要です．特許侵害で争われている事例をみると，ほとんどの場合，特許請求の範囲の記載内容が争点になっています．特許請求の範囲をうまく記載するコツについては，第 4 章で説明することにして，ここでは書類をまとめるにあたっての基本を説明します．

（1）特許請求の範囲を記載するときの留意事項

特許請求の範囲が広すぎると，公知例が増えて特許が取りにくいなどのデメリットはありますが（4.1.1 項で説明します），できる限り広範囲をカバーし，回避されにくいように特許請求の範囲を記載するのが基本です．まとめるにあたってのポイントは，新しい効果を生み出すための必要最小限の構成要件（中心となる**必須要件**）と，これ以外に発明の全体構成として最小限必要な公知の要件（**前提要件**）とを組み合わせて表現することです（詳細は第 4 章参照）．特許請求の範囲の記載にあたっては，いくつかの慣例的な留意事項があるので，その代表的なものをつぎにあげます．

a）一文で書く

特許請求の範囲は，句点一つだけの一文で書き，発明の名称に一致する名詞節で終わるのが慣例です．

b）用語は明細書に対応させる

特許請求の範囲で使用する用語は，明細書にその意味や技術的な根拠が明らかにされているものでなければなりません．明細書に使用されていない用語は，使わないように注意します．

c）特定事項（構成要件）は論理的な順序で述べる

特許請求の範囲を読めば全体の構成が判明するように，記載の順序には一定の論理性があることが大切です．

論理性のある順序としては，たとえば，入力から出力に向かう順序，一連のエネルギーや力の動きや伝達に沿った順序，原料・素材から製品に向かう順序などがあります．このほかにも，基礎となる土台または動力源から構造的に関連する要件を順次説明するような，構造的な順序もあります．

いずれにせよ，第三者，とりわけ特許庁審査官に理解しやすいように記載することが大切です．

d）構成要件相互間の必要最小限の関係を明記する

単に構成要件や部品を羅列しただけでは，発明の全体の構成が明らかになりません．このため，部品や構成要件に対して，狙った効果を達成するために必要な最小限の相互関係は，省略せずに記載します．

e）漠然とした相対的表現や特定困難な表現を使わない

たとえば，「重い」「軽い」「小さい」「明るい」「早い」のように比較根拠のない，漠然とした表現では，発明が特定できず，要件「特許請求の範囲は明確か」を満たしません．特許になったとしても，権利行使の際に，境界が不明確であるとされるでしょう．比較の根拠が明瞭でない場合は，発明の把握の検討を再度行う必要があります（第４章参照）．「甘味を呈さない量のラクロースを用いる」という構成要件は，明確でないとされた裁判例があります[1)]．

f）選択的な表現を安易に使用しない

たとえば，「コイルスプリング，または，板ばね」のように，選択的な表現は，特許請求の範囲を不明確にしてしまう可能性があるので，できる限り避けます．この例でいえば，両者を包含する「弾性体」など包括的な表現にするとよいでしょう．

なお，化学や材料の分野では，包括的表現に適当な言葉が存在しないことが多いので，例外的に選択的な表現が許されています．

g）課題（目的）や期待する効果のみを述べない

目的や期待される効果のみを記載しても，発明を特定できません．たとえば，「“空を飛ぶように”構成された航空機」，あるいは「案内枠の折り返し半円形部の“案内車を除いた”ことを特徴とするエスカレータ」のような表現です．特許請求の範囲では，課題を解決する技術的思想を述べます．新しい効果を達成する手段を記載した，たとえば「半円形部に設けた複数のコロにより転動案内する」構成と，すでに知られている前提要件となる構成とを組み合わせて，「半円形部の遮蔽を透明にしたエスカレータ」として，全体構成がわかるよう

1）平成 25 年（行ケ）第 10172 号（知財高裁平成 26.3.26）．

にするとよいでしょう.

また，つぎのことも知っておくと便利です.

① 便利な表現形式：「機能 ＋ 手段」

機械的または電気的なものに関する特許請求の範囲では，範囲が広く，かつ，不明瞭にならない表現方法として，「機能 ＋ 手段（部材・要素・素子・機構・装置など）」(米国では，“mean-plus-function”といいます）の表現を用いると便利です．この場合，機能の表現はほかの構成要件との関連が明確になるように記載します．たとえば，「回転子の主界磁極を検出する手段，および検出された信号により印加電圧の位相を制御する手段よりなる電動機の制御装置」と記載します.

明細書中には，その機能を実現する手段としての実施例をできるだけ数多く多面的に記載します.

② 図面の符号の利用

特許請求の範囲に記載した内容の理解を助けるために必要があれば，図面で使用した符号を引用して表現することもできます．理解を助けるためのものですので，符号が技術的範囲に影響することはありません[1)].たとえば，「回転子 1 を回転自在に支持する軸受け 2 と，鉄心 4 に巻かれた巻線 5 と，…」のように引用します.

(2) 特許請求の範囲の表現形式

特許請求の範囲の表現形式そのものは比較的自由ですが，慣習的なものがあるので，いくつか例示しておきます.

a)「前提条件 ＋ 中心となる必須条件」の表現形式

構成要件を，前提条件と中心となる必須要件に分割し，前提要件を先に書き，つぎに中心となる必須要件を特徴的なものとして書く表現形式です.たとえば，「A ＋ B において，C，D としたことを特徴とする X」のような形式です．この形式は表現が容易であり，しかも発明の要点が理解しやすい効果があります.従来例を前提条件とし，一般的につぎのように表現します.

---

1) 平成 24 年(7)第 3817 号（東京地裁平成 25.10.31).

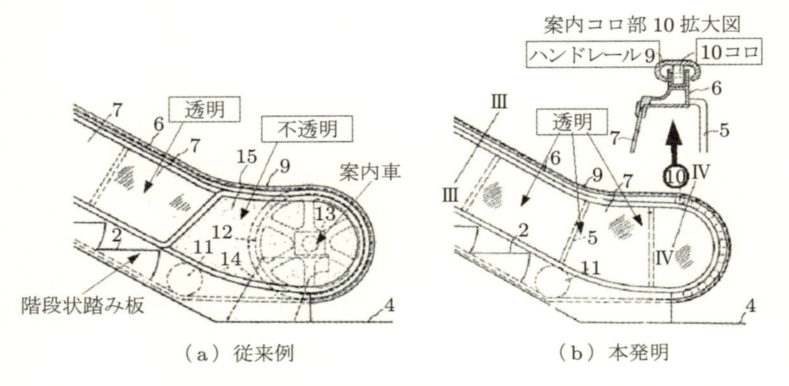

図 2.5 「欄干全透明エスカレータ」発明の図面

- A + B が公知の場合……………………A + B において
- A + B が公知であるか不明な場合……A + B であって

具体的には，3.2 節で説明する圧迫感を取り除いた開放感のある全透明タイプのエスカレータを例とすると，つぎのようになります．

〈例 1〉「無端状に連結された階段，この階段と同速度で移動するハンドレールおよびこのハンドレールを案内する案内枠を備えたもの**において**，前記案内枠の折り返し半円形部に前記ハンドレールを転動案内する複数個のコロを配置したことを特徴とするエスカレータ.」

〈例 2〉「無端状に連結された階段，この階段と同速度で移動するハンドレール，ハンドレールを案内する案内枠，および案内枠に設けられた遮蔽板を備えたもの**であって**，前記案内枠の半円形部にハンドレールを案内する手段を設け，遮蔽板を透明にしたことを特徴とするエスカレータ.」

b）機能的な表現形式

発明の構成要件を機能面から定義する表現形式です．立案が比較的容易ですが，目的，作用，効果のみの記載に留まらず，意図する目的や効果を実現するのに必要な構成も合わせて記載します．

〈良くない例〉「ハンドレールを折り返し半円形部において案内するものにおいて，ハンドレールの案内車を取り除き，半円形部の遮蔽板を透明にしたことを特徴としたエスカレータ.」

〈改善例〉「無端状に踏板を連結し，この踏板とハンドレールを同速度で移動させ，このハンドレールを折り返し半円形部において案内するものにおいて，この半円形部に設けた複数のコロによりハンドレールを転動案内するようにして半円形部の遮蔽板を透明にしたことを特徴としたエスカレータ.」

c）構成要件を列記する表現形式

発明の対象である物や方法をいくつかの要件に分解して列記する表現形式です．たとえば，「A，B，CおよびDよりなるX」というように表現します．この場合，A，B，C，Dのそれぞれの形容詞句には，他の要件との関連を明確に述べます．全体の構成が不明確で，単なる要件の羅列にならないように気をつけましょう．つぎはこの表現形式の例です．

〈例 1〉「無端状に連結された踏段，前記踏段と同速度で移動するハンドレール，前記ハンドレールを案内する折り返し半円形部を有する案内枠，前記案内枠の前記折り返し半円形部に配置され前記ハンドレールを転動案内する複数個のコロを有することを特徴としたエスカレータ.」

この場合，複雑に入り組んだ構成（特定事項）でもその内容が理解しやすいように，つぎのような箇条書きにまとめることもできます．

〈例 2〉「つぎの構成要件（1）ないし（4）からなるエスカレータ.

（1）無端状に連結された踏段

（2）前記踏段と同速度で移動するハンドレール

（3）前記ハンドレールを案内する折り返し半円形部を有する案内枠

（4）前記案内枠の前記折り返し半円形部に配置され前記ハンドレールを転動案内する複数個のコロ」

（3）多項出願の利用

複数の発明が「単一の発明概念に基づくとみなされる技術的関係を有する」場合は，一つの願書でまとめて出願することができます．このような一つの出願書類に複数の発明を含み，複数の請求項を有するものを**多項出願**といいます．特許庁の審査基準では，多項出願が許されるのはつぎのような場合です[1)]．

1）〈詳細〉特許庁Webサイト「特許・実用新案審査基準　発明の単一性の要件」参照.

① 同一の特別な技術的特徴を有する場合

- 請求項 1：高分子化合物 A（酸素バリアー性のよい透明物質）
- 請求項 2：高分子化合物 A からなる食品包装容器

② 対応する特別な技術的特徴を有する場合

- 請求項 1：映像信号を通す時間軸伸長器を備えた送信機
- 請求項 2：受信した映像信号を通す時間軸圧縮器を備えた受信機
- 請求項 3：映像信号を通す時間軸伸長器を備えた送信機と，受信した映像信号を通す時間軸圧縮器を備えた受信機とを有する映像信号の伝送装置

③ 物とその物を生産する方法，物とその物を生産する機械，器具，装置，その他の物

- 請求項 1：下部に拡大球根部を設けた基礎ぐい
- 請求項 2：爆薬の爆破により地中に空洞を形成した後，その内部にコンクリート材料を流し込む拡大球根部の造成方法

④ 物とその物を使用する方法とそれらの特定の性質をもっぱら利用する物

- 請求項 1：物質 A
- 請求項 2：物質 A による殺虫方法

多項出願の表現のしかたは，もっとも取りたいある発明（特定発明）を第 1 項（**独立請求項**といいます）とし，他の発明を第 2 項以下に書きます．第 1 項の構成要件をさらに限定したり付加用件を追加したりするときには，第 2 項に第 1 項を引用します（この場合，第 2 項を**従属請求項**といいます）．第 2 項が第 1 項を引用しない場合（この場合，第 2 項は独立請求項となります）もあります．つぎに示す二例は多項出願の具体的な表現形式です．

〈例 1〉エスカレータと動く歩道（従属請求項のケース）

（図 2.5，図 3.10 参照）

請求項 1：無端状に連結され人等を乗せて搬送する搬送部材，この搬送部材と同速度で移動するハンドレール，このハンドレールを案内枠で案内支持するものにおいて，案内枠の折り返し半円形部の外周部で複数のコロによって前記ハンドレールを案内するように構成した搬送装置．

→［**エスカレータと動く歩道を包含**］

請求項 2：前記搬送部材は**踏段**からなることを特徴とした請求項 1 記載の搬送装置. → [**エスカレータを包含**]

請求項 3：前記搬送部材は**踏板**からなることを特徴とした請求項 1 記載の搬送装置. → [**動く歩道を包含**]

請求項 4：前記搬送部材は**ベルト**からなることを特徴とした請求項 1 記載の搬送装置. → [**動く歩道を包含**]

〈例 2〉芝刈機（独立請求項のケース）

（図 3.12 参照）

請求項 1：ハウジングと，このハウジングに取り付けられた動力機構と，前記ハウジング下部に配置され前記動力機構によって駆動される回転刃と, 前記ハウジングに形成される車軸受け部とを具備する芝刈機において, 前記車軸受け部が下方に開放する溝により構成され，車軸の前後方向の移動を阻止するものである芝刈機.

請求項 2：ハウジングと，このハウジングに取り付けられた動力機構と，前記ハウジング下部に配置され前記動力機構によって駆動される回転刃と，前記ハウジングのフレームに形成される複数の車軸受け部とを具備する芝刈機において，前記複数の車軸受け部は，前記フレームに高さを変えて設けられているものである芝刈機.

多項出願をうまく活用すると，権利の及ぶ範囲を守りやすくできます．特許請求の範囲の設定は陣地取りのようなものなので，図 2.6 を使って説明しましょう．

柵内は領地，すなわちもっとも広い技術的範囲の請求項です．その中に，中程度の広さの請求項である外堀, 小程度の広さの請求項を示す内堀があります. 内堀の中にある本丸は最適な実施例に相当する発明です．表 2.3 は，多項出願の権利の広さと特許化の可能性の関係を示しています．もっとも基本的な構成 1（柵内）は，実施例 A，…，Z まで広くカバーしていますが，その分関係する公知例が増えるため，特許化の可能性は低くなります．このことからわかるように，ここでは,「柵 ＜ 外堀 ＜ 内堀 ＜ 本丸」の順に特許化の可能性が高くなります.

柵も外堀も内堀もない本丸だけの状態が，通常の出願です．通常の出願では,

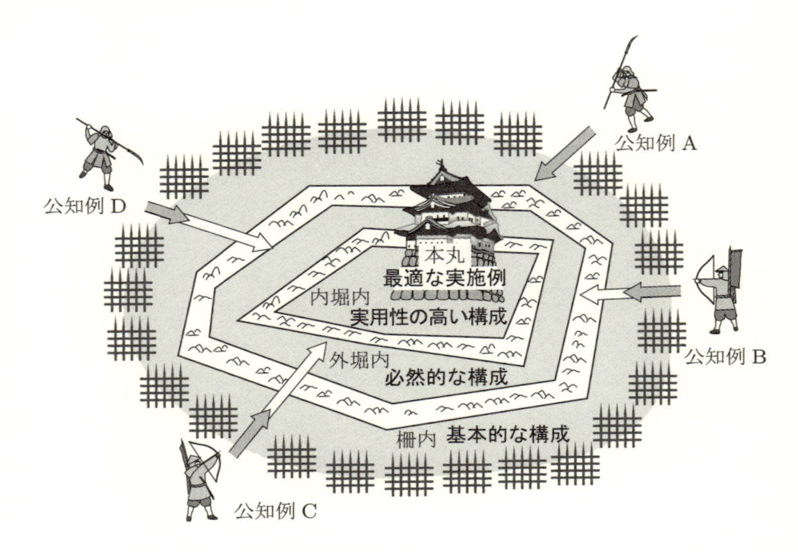

図 2.6 多項出願を陣地取りに見たてたイメージ図

表 2.3 多項出願の権利の広さと特許化の可能性

特許請求の範囲	含まれる実施例	技術的範囲	特許化の可能性
1. 本丸：最適な実施例	A	狭い	高
2. 内堀内（本丸 + 内堀）：実用性の高い構成	A, B, C	やや狭い	中高
3. 外堀内（本丸 + 内堀 + 外堀）：必然的な構成	A, B, C, …, N	やや広い	中低
4. 柵内（本丸 + 内堀 + 外堀 + 柵）：基本的な構成	A, B, C, …, Z	広い	低

実施例 A しか含まれませんので，技術的範囲は狭いものとなります．逆に欲張って柵まで請求範囲を広げると，広い範囲になる反面，公知例も多くなり，特許化の可能性は低くなります．柵，外堀，内堀，本丸と多段構えの多項出願であれば，柵が破られると範囲は狭まるものの，外堀の範囲は維持でき，外堀が破られても内堀があります．このため，欲張った広い請求項，中ぐらいの請求項，そして実際の製品を含む具体的で実際的な請求項のように何段かの構え

とする多項出願を利用すれば，一箇所突破されただけで大幅に技術的範囲が狭くなるような事態を避けることができるわけです．

出願時にすべての公知例を調査し，それを検討することは不可能です．予想外の公知例が出願後に発見されるような不測の事態の備えとして，多項出願は有効です．

（4）活用をふまえた特許請求の範囲の検討

特許請求の範囲をより有効なものにするためには，つぎの視点で考え方を整理するとよいでしょう．

a）他者の利用を排除する視点

特許の第一目標は，他社の模倣を排除し，実施を独占することです．このため，特許請求の範囲は自分が使うという観点だけでなく，他の類似する使用も包含するものにするという視点が重要です．第 4 章でも説明しますが，図 2.6 の本丸に相当する特許請求の範囲だけでなく，ほかの変形例も含めるような内堀，外堀，柵に相当するものもつくっておくことが必要です．

b）侵害された場合に発見しやすいかという視点

第 5 章で説明しますが，特許を侵害された場合は，侵害の事実を確認する必要があります．このため，他人が自分の特許を使ったとき，それが容易にわかることが重要です．通常は入手できない大型設備に入っている部品，特定の数式・数値に基づく技術的な限定，ソフトウェアのアルゴリズム（計算方法）などは外部からは見えないので，これらを特定事項（構成要件）とするときは注意が必要です．侵害発見の容易性を**顕現性**（けんげん）といいますが，たとえばソフトウェアの場合には操作・表示画面，操作方法などの切り口を特許にする工夫が得策です．この視点については，判断が難しいので，特許の専門家や経験者の協力を得るとよいでしょう（3.3.4 項参照）．

c）事業活動に積極的に活用する視点

特許は出願した段階で，“Patent Pending（特許出願済み）” として商品の企画や宣伝に活用できます．これは自社製品への信頼感の確保や他社への牽制などの効果があります．さらに，特許になれば，“Patented（特許登録済み）” となり，さらに大きな効果が期待できます．

一般に製品カタログには必ず**セールスポイント**を記載しますが，セールスポイントが特許と一致していないことはよくみられます．セールスポイントと特許を異なるものとして考えているわけです．しかし，特許は技術の優位性も示すものなので，セールスポイントとして製品カタログに特許の出願や登録状況を記載すること（特許カタログともいいます）ができれば，製品や技術の売り込みの際に重要な武器となります．事業活動に活用するという視点で特許を検討し，セールスポイントそのものを特許とする取り組みが重要になります．

セールスポイントの裏づけとなる技術には，必ず発明が潜んでいると考えて検討しましょう．自社のセールスポイントをリストアップし，それに対応する特許出願概要を図にまとめます．ライバル製品に対して，それらの特許出願の技術的範囲がどのような関係にあるか検討し，必要によっては分割出願も検討します．特許の専門家とも相談して確信が得られれば，ライセンス交渉，使用中止の申し入れなども検討します（5.1 節参照）．

発明者と特許担当者は車の両輪

活用を考えた特許請求の範囲の検討は，発明者（発明部門）と特許専門家（特許部門）との協力によって進められ，はじめて効果を上げることができます．たとえるなら，発明者は（発明の）原石を探掘し，その原石を磨いてダイヤモンドとして利用できるまで価値を高めるのが特許専門家です．これは知財部門を指揮した著者（小川）の 50 年来の持論です．

3.3.2 項で紹介する伊藤清男も，著書「研究バカが出世する」（日立インターメディックス，2003）の中で同様にチームワークの大切さを語っています．

> 「戦える特許は，優れた発明と優れた特許取得技術の両者が組み合わさってはじめて生まれます．高価な宝石（特許）は，優れた原石（発明）と優れた研磨技術（特許取得技術）から作られるのです．」

（５）請求範囲のチェック方法

特許請求の範囲の記載は特許化のコツの最重要部分です．第 4 章で述べるテクニックを駆使して請求範囲を書き上げたら，最後にもう一度確認しましょう．チェックリストを表 2.4 に示します．とくに，1 と 4 は，注意深く検討する必要があります．8〜10 は活用を考えたときの検討事項です．社内の関係部門や

表 2.4 請求範囲のチェックリスト

チェック項目	チェック欄
1. 構成要件のうちに，取り除くことができるものはないか.	
2. 構成要件を上位概念で表現できないか.	
3. 構成要件に付いている修飾語を取り除くか，より広い表現に変えられないか.	
4. その分野特有の新しい効果に対応する構成要件が，代案・変形例も含めて，はたらきの究明を通じて把握され，特許請求の範囲の中心となるものとして表現されているか（精選・拡張).	
5. 複数の効果がないか検討したか. それぞれの効果ごとに精選・拡張をしたか. 重要製品については，予期しない公知例で攻撃される事態に備えて，複数の効果を併せもつものとして精選・拡張したか.	
6. 最適な実施例だけでなく，欲張った広範囲のもの，一歩後退するときの中程度の広さのもの，商品価値のある実施例を抑える小程度の広さのものに相当する特許請求の範囲が書かれているか.	
7. 現在製品のいろいろな変形例，将来変更されるかもしれない製品もカバーする特許請求の範囲となっているか.	
8. 模倣品を発見し，侵害を検証できる特許請求の範囲となっているか(すべての要件はその使用を検証できるか).	
9. 製品の上流（原材料，部品）や下流（装置，システム，ユーザ装置）にむけられた特許請求の範囲も用意されているか.	
10. 戦略的活用を考えた特許網の構築を検討したか.	

外部の弁理士と相談する場合には，このチェックリストを用いて十分に検討しましょう.

2.3.4 要約書

発明が，なんらかの問題を解決する手段ということはすでに説明しました. その問題と解決手段を簡明に記載するのが，**要約書**です. 要約書は，特許法施行規則様式第 31 に従って記載します. 図 2.7 に要約書の例を示します.

記載にあたっては，理解しやすいように，代表的な図面を選択し，図面中の符号を引用して記載するとよいでしょう. 化学的方法の発明で図面がない場合や，図面はあるものの発明の内容を表すのに適当な代表図面がない場合は「【選

【書類名】　要約書
【要約】
【課題】集塵ケースを外したとき衛生的，かつ容易に塵処理ができる掃除機を提供すること．
【解決手段】電動送風機を収納し車輪 12 を有する本体ケース A と，この本体ケース A の前部に着脱自在に取り付けられたキャスタ 14 を有する集塵ケース B を備え，上記本体ケース A と集塵ケース B との結合状態での重心位置 W が上記車輪 12 の軸心より前方に位置し，かつ上記主体ケース A それ自身の重心位置 G が上記車輪 12 の軸心より後方に位置するように上記車輪 12 の取り付け位置を選定したもの（図 3.35 参照）．
【選択図】図 1

図 2.7　要約書の例

択図】なし」と記載します．

2.3.5 図　面

図面は，特許法施行規則様式第 30（特許法施行規則第 25 条）に従って記載します．図 2.8 に例を示します．発明内容の理解を助ける補助的なものですが，できるだけくわしく記載します．構造的な発明などは，文章で説明するよりも，図面のほうが直接的に表現できる場合があるので，とくに重要です．図面に示された内容は明細書の中で説明します．原則として製図法に従って記載しますが，つぎの留意点があります．

- 断面には，彩色や塗りつぶしはせず，ハッチングを施す．
- 一般的に，引き出し線は見やすい波形を使う．
- 複数のユニットからなる装置の場合，引用するための番号はユニットごとに 100 など適当な数字から始める．あとで追加する際に便利なよう

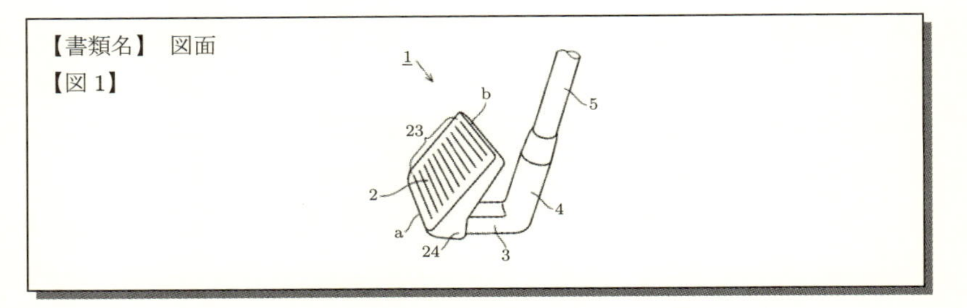
【書類名】　図面
【図 1】

図 2.8　図面の例

に，初めは偶数あるいは奇数の番号だけを使用するとよい.

- 中心線は原則として描かない.
- 図中のある箇所の切断面を他の図に描く場合は，一点鎖線で切断面の位置を示し，その一点鎖線の両端に断面図に対応する符号（ローマ数字）を付け，かつ矢印で切断面を描くべき方向を示す.

なお，コンピュータやソフトウェア関連の発明の場合は，フローチャートを図面に加えます．フローチャートがないと発明未完成とされ，特許を取得できない場合もあるので，注意が必要です．化学物質やその製法の発明などでは，図面が不要な場合もあります.

ここまで，出願書類についてひととおり説明してきました．出願書類の作成に決められた手順はありませんが，慣れるまではつぎの手順で進めるのがよいでしょう.

① 発明を整理し，明細書の骨格をつくる
② 図面を描く
③ 特許請求の範囲の原案（骨子）を作成する
④ 明細書を作成する（発明の名称，図面の簡単な説明，具体例を含む発明の詳細な説明）
⑤ 特許請求の範囲の広さを確認しながらその最終案をまとめ，明細書と図面を見直す
⑥ 特許願，要約書を作成する

特許情報

特許庁では，特許，実用新案，意匠および商標の出願や登録に関する情報を公報として発行します．これを**特許情報**といいます（公報以外にも，学術論文，報道，Web，雑誌，広告なども情報源となります．一般に，公報以外の情報源を含めて**先行技術情報**といいます）.

特許情報を利用する主な目的はつぎの二つです.

① 自分のアイデア，デザイン，ネーミングが特許庁に出願して権利化できるものかどうかをチェックする（**先行技術調査**）
② 自分で使用したいアイデア，デザイン，ネーミングがすでに第三者の

権利になっていないかどうかをチェックする（**他社権利調査**）

そのほか，特定分野の特許情報の推移から将来の技術動向を予測したり，特定の会社の出願や登録情報の内容，推移から，その会社の開発戦略や特許戦略を探索したりすることもあります．

特許情報は，つぎに紹介するように Web 上で閲覧することができます．

（1） 日本のデータベース・特許情報プラットフォーム（J-PlatPat）

特許庁の Web サイトに，特許情報プラットフォームがあります．ここでは，明治以降発行された特許・実用新案・意匠・商標の公報など約一億件とその関連情報について検索することができます．また，海外のデータベースとも連携しているので，海外の特許についても検索可能です．

J-PlatPat のページを開くと，図 2.9 に示すように，画面中央に簡易検索の窓が表示されます．特許・実用新案，意匠，商標を選んで好きなキーワードを複数入力することができます．とても簡便ですから，思いついたキーワードを使って気軽に検索してみるとよいでしょう．ただし，同義語（たとえば，「カメラ」と「写真機」）は別々のキーワードとして認識されるので注意が必要です．

分類・文献番号などで詳細な検索をする場合には，画面上部にある「特許・実用新案」「意匠」「商標」「審判」の各カテゴリー（ナビゲーション部分）を利用します．「特許・実用新案」をとり上げて簡単に説明しましょう．図 2.9 のように画面上部の「特許・実用新案」をクリックをすると，三つのプルダウンメニューが現れます（図 2.9）．公報を検索する場合は，「特許・実用新案検索」をクリックすると，図 2.10 に示すような検索キーワードの入力画面が現れるので，必要事項を入力して検索します．意匠と商標も同様にして検索できます．審判と経過情報は，公報番号をあらかじめ検索で下調べする必要があります．

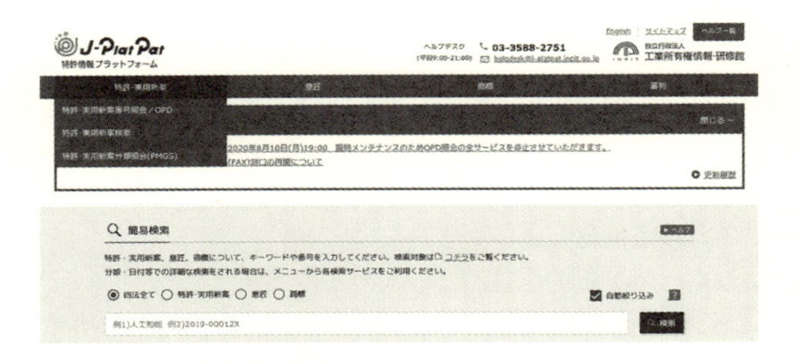

図 2.9　検索選択画面

図 2.10　検索実行画面

くわしい操作方法は，図 2.9 右上の「ヘルプ一覧」を参照してください．

〈参考〉 図 2.10 の文献種別部に「非特許文献」「J-GLOBAL 検索」があり，これを選択することにより論文，雑誌や技術文献の検索ができます．入力画面は，特許の検索画面をそのまま使用できるので便利です．

（2） 海外特許のデータベース

（1）でも述べたように，特許庁の Web サイトからは海外特許も調べることができます．図 2.9 のプルダウンメニューの中で，「特許・実用新案番号照会/OPD」をクリックすると，主要な外国の特許を検索することができます．現在，米国，欧州（EP），国際（WO），イギリス，ドイツ，フランス，中国，韓国，スイス，カナダが登録されています．国によっては日本語や英語の抄録を入手することができます．しかし，このデータベースは，キーワードや分類による検索ができないため，公報番号がわかっている必要があります．公報番号は，つぎに示す世界各機関の Web サイトを使えば調べることができます．

米国：United States Patent and Trademark Office（USPTO）
欧州：Espacenet Japan（日本語版）
国際：Patentscope Japan（日本語版）

このほかに，Google Patent Search でも検索することができます．

第3章 発明・特許化のテクニック

前章で特許７要件を説明しましたが，特許出願するにあたり，そこで初めてこの要件に合うように調整しようとしても，経験が少なければなかなかうまくいかないと思います．とくに，実体審査で拒絶される理由の大半を占める非容易性については，大きなハードルになるでしょう．そこで思い出してほしいのが，第１章で説明した，問題，発明，特許が一連の流れの中にあるということです．大きなハードルとなる要件もこの流れの中で考えていくことで，進めやすくなります．

本章では，この流れを具体的に説明し，また実際の発明事例を紹介していきます．

3.1 発明から特許へ

発明するにあたって，発明することばかりを意識してもうまくいかないことが多いと思います，第１章で説明したように，発明はなんらかの問題を解決するための手段です．これは，要約書に，問題（課題）と解決手段を記載しなければならないことからもわかります（2.3.4 節参照）．そこで，発明する際は，「問題を解決する」ことを意識して進めるとよいでしょう．問題解決の意識が自然ともてるようになれば，発明（アイデア）も出しやすくなります．そして，一度うまくいったら，同じようなやりかたで進めてみるとだんだんとコツがつかめてくると思います．これは，初めて少し高い所に立った幼児の状況と同じです．最初はなかなか思い切れないものの，一度跳んでしまうと，その後は何の苦もなく跳ぶことができるようになります．

まず，問題解決としての発明の手順を説明しましょう．

3.1.1 発明のコツと特許化のための下準備

発明を問題解決の手段ととらえると，発明はつぎの手順で特許化につなげていくのがよいでしょう．

① 問題を見つける
② 問題の解決手段を考え出す
③ 解決手段を具体化するとともに，新しい効果を抽出する

各手順ごとに説明していきましょう．

(1) 問題を見つける

問題は身近にたくさんありますが，漫然と見過ごしたり我慢したりしていることが多く，問題に気づいていないことも少なくありません．このように，問題は意識しなければ見落としがちです．これは，問題といっても，目に見えるものばかりではないことも関係していると思います．それでは，どのように問題を見つければよいのでしょうか．一般的に，問題が隠れていることが多いのはつぎのような場合です．

① 不平・不便・不満がある場合
② 無駄なコスト・人手がかかっている場合
③ ヒヤリハット体験や事故が起こっていたり，起こりそうな場合
④ 使い勝手が悪い場合
⑤ 性能向上・機能付加ができそうな場合

問題に気づくには，好気心をもって観察することが大切です．日頃から自分に直接関係のないことでも，「この点が使いにくい」「これは自動化できるので，人手をさく必要はない」などと，ユーザー目線やマネージャー目線で評価することを習慣づけることが大切です．当事者になりきって，製品やサービスなどの製造場面，提供場面，利用場面などを具体的にイメージしてみるのもよいでしょう．

(2) 問題の解決手段を考え出す

問題が見つかったら解決手段を考えます．絶対的な方法はありませんが，一般的にはつぎの視点から解決手段を模索するのがよいでしょう．

a）問題の本質を探究する

なぜその問題が生じているか，その原因を追求します．原因がわかれば，解決の糸口になります．その原因から，そうならないようにするためにはどうすればよいか，それを緩和するためにはどうすればよいかなどと考えを深めていきます．

b）ほかの事例の解決手段を調べる

ほかの事例の解決手段は，参考になります．他分野の解決事例は，多少の変更でそのまま使うことができる可能性もあります．このため，同じ分野に限定せず，既存の他分野の事例，特許，文献など，さまざまな方向から情報を集め，ヒントを探します．

c）解決手段のイメージをつくる

a)，b)で得られた情報をヒントに，類推したり，連想したりして，問題を解決し，効果を実現する解決手段をイメージします．視覚化すると，より具体的にイメージできるので，スケッチなどをするとよいでしょう．

実際に解決手段を考えるのは難しそうに思えますが，難しく考える必要はありません．発明の99％は，従来技術の組み合わせ，または転用，置換であるといわれています．**組み合わせ**とは，異なる既存の複数の技術を合体させることです．合体というと，なにかを増やすことばかりに目が行きがちですが，第1章で紹介したダイエットスリッパのように，減らす場合もあります．**転用**とは，ほかの分野の要素を用いることをいいます．**置換**とは，すでに知られているものの要素を他の要素に置き換えることをいいます．単純な組み合わせ，転用，置換では，2.2節で説明したように，「単なる組み合わせ」，「単なる転用，置換」であるとして非容易性が認められません．しかし，**その分野特有の新しい効果**を実現する新しい組み合わせ，転用，置換であれば，非容易性が認められる可能性があります．この新しい効果はあとからでも探すことはできるので，まずは，他分野の技術，技術要素を使うテクニックが身に付くように，組み合わせ，転用，置換を意識して，問題の解決手段を考えることを繰り返してみましょう．銅で研究してうまくいったら，つぎは同じことを鉄でも研究するという「銅鉄主義」のような考えで，一度うまくいったらその方法を異なる場面で試してみるのもよいでしょう．

解決方法は一つの方法を見つけようとするのではなく，多少荒削りの方法でもよいので，たくさんの解決方法を考え出すようにしましょう．すでに説明しましたが，発明を特許にするにはその分野特有の新しい効果が必要です．解決方法によっては，この分野特有の新しい効果を抽出しにくいこともあります．そのような場合に，解決方法がたくさんあることが生きてきます．

「これはすごい」と感心するような新技術に出会ったときには，すぐにその技術と自分のよく知っているほかの技術とを組み合わせたり，転用したり，置換したりして，新しいものを考えるとよい練習になります．ある著名な発明家は，新しい組み合わせ，転用，置換が思い浮かんだら，その場ですぐにメモしたという話があります．みなさんも思いついたらすぐに実施できなくても，メモなどしてアイデアとして蓄えておくとよいでしょう．

（３） 解決手段を具体化するとともに，新しい効果を抽出する

考え出した解決手段の中で，その分野特有の新しい効果がありそうな解決手段に注目します．そして，新しい効果を実現できそうな解決手段について，図面を書いて具体化してみましょう．はじめはスケッチで構いませんが，慣れてきたらより具体的に考えるためにも製作を前提とした図面を描いてみてください．そして，できればその図面をもとに試作もしてみましょう．図面を描いたり，試作したりすることで，思ってもみなかった問題に気づけます．

試作や実験ができず，机上での検討だけで発明を具体化しなければならない場合には，製作者やユーザーになりきって，直面するだろう場面場面をイメージし，製作や使用にあたっての問題をできる限りたくさん挙げます．そして，その問題一つひとつの対策案を従来例なども参考にして考えていきます．これらの問題の対策案をまとめて発明の実施例とします．この実施例が，特許として認められ，その分野特有の新しい効果を実現する解決手段となります．机上検討のみで発明する場合は，この具体化の検討が行き届かないことが多いものです．問題の検討は，将来の特許化の決め手にもなるので，**一歩でも二歩でも深く踏み込んで行う**ことが非常に大切です[1]．

1）3.2.2 項で紹介するレメルソンは，この手順を踏んで数多くの発明を机上でつくり上げました．

ここで，第2章でも少し話に出した消しゴム付き鉛筆の発明事例を紹介しましょう．素朴な発明ですが，これも特許として認められました．

〈例〉消しゴム付き鉛筆

鉛筆で書きものをしていて，何度か消しゴムを使っているうちに，消しゴムがどこかにいってしまって見当たらないということはよくあります．ノートに挟まるなど，どこかに紛れ込んでいて少し探せば見つかることが多いですが，このちょっとしたことで集中がとぎれてしまうこともあるでしょう．そこで，米国の絵描きであるリップマン（H. L. Lipman）は，図3.1に示すように，鉛筆の木の鞘の左側1/4の軸芯を太くして，そこに消しゴムを埋め込んだ消しゴム付鉛筆を発明しました．単に鉛筆に消しゴムを取り付けただけでは単なる組み合わせであるとして拒絶されてしまいますが，この消しゴム付き鉛筆はしっかり特許として認められていました．

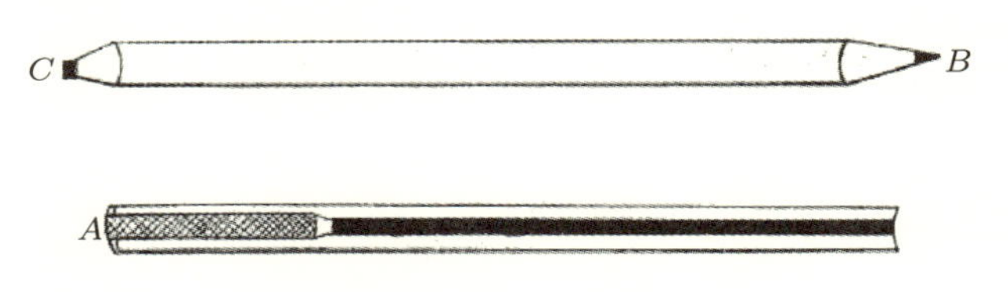

図3.1 消しゴム付き鉛筆

この発明の新しい効果とはなんでしょうか．この発明では，消しゴムが減ったら，鉛筆と同じように，木の鞘を削って新しい消しゴムを出します．削って出すため，消しゴムも鉛筆と同じように細く削ることができ，細い線も消しやすくなります．また，鉛筆の木の鞘が消しゴムの保持と取っ手の役割を果たします．これが，筆記具の分野でこれまでにない新しい効果となりました[1]．この発明のように，ユーザーとしてどのような効果があるかを考え，その分野特

1）この特許（US19,783, Lipman, L., 1853.3 登録.）は，特許化された後に，消しゴムを金属環で取り付けたものも含むと主張したため，E. Farber の発明との間で訴訟となりました．結果，単なる組み合わせで新たな効果が生じていないとされて，米国の最高裁で無効とされました．公知例は消しゴムを棒で挟んだ用具しかなかったので，金属環の取り付けも含むなどと主張せず，鉛筆の木の鞘が消しゴムの支持具も兼ねていることを主張すれば特許として無効にされることはなかったと思われます．9名の裁判官のうち3名は特許有効との反対意見を出しており，特許性の有無がきわどく争われたケースです．

有の新しい効果を抽出することが大切です.

その分野特有の新しい効果の抽出について, つぎの例で実際に考えてみましょう.

図3.2に示すような陶器製の鍋と灰皿がすでにあったとします. その後, 金属製の鍋が開発されたので, 金属製の灰皿を新たに考えました. この事例は, 灰皿の材料を陶器から金属に置換したともいえますし, 金属製の鍋の技術を灰皿に転用したともいえます.

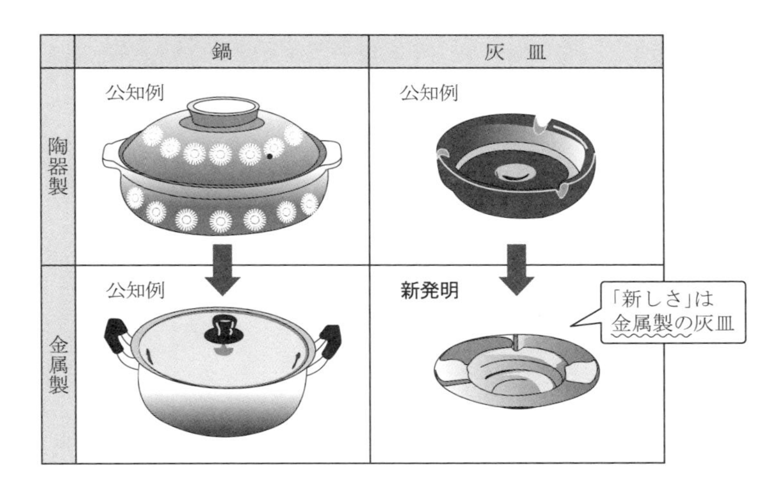

図 3.2 金属製灰皿の発明

この金属製の灰皿の分野特有の新しい効果を抽出してみましょう.

「軽い」とか「落としても割れない」という効果は, 金属製の鍋にもいえることなので, 灰皿特有の効果とはいえません.

そこで, 陶器と金属の違いを考えてみます. すると, 展延性や熱伝導性といった性質に違いがあることがわかります. 具体的には, 陶器に比べて金属は熱伝導性が優れています. この性質により, 金属製の灰皿はつば部に火のついたタバコをのせると, つば部に接した火は急激に熱を奪われ, 自然に火が消えます. つば部の熱容量を十分にとっておけば, 火のついたタバコを灰皿に置きっぱなしにしても自然に火が消えるので, うっかりそのまま寝てしまっても火事を防ぐことができます．この点を主張すれば，灰皿特有の効果であるとして特許にできる発明になるでしょう（発明のまとめ方の詳細は3.3節参照）．

この新しい効果を見つけられるかどうかは，ちょっとした新しい切り口に気づけるかどうかです．何度か新しい切り口に気づくことができ，慣れてくれば，比較的容易に新しい効果に気づくことができるようになると思います．ただ，はじめのうちは難しいので，新しい組み合わせのはたらきを，図3.3に示すような，小型化，機能，性能，使用性，製作性などの多方面から考えてみましょう．重複なく，漏れなく考えるMECE[1)]などの手法の利用を検討してみるのもよいでしょう．世の中にはまったく同じものは存在せず，必ず新しい切り口があります．本当にいままでになかった新しい組み合わせ，転用，置換なのであれば，必ず，その分野特有の新しい効果が生み出されているはずですから，徹底的に検討することが重要です．

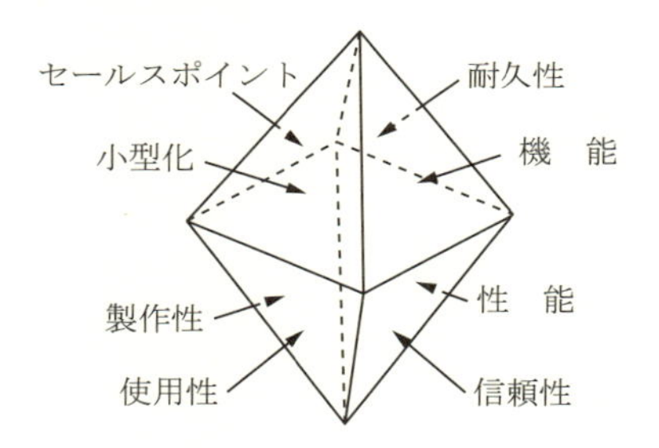

図3.3 多面的に検討するときの切り口

発明，特許にとって，この新しい切り口を見つけ出す力はたいへん重要です．本章の章末に演習問題を用意したので，この点を意識して取り組んでみてください．

3.1.2 将来に直面する問題に気づくテクニック

問題はいま目の前にあるものばかりではありません．将来的な問題もあります．将来直面するだろう問題に気づくには，先を見通す目が必要です．そのた

1) ミーシーまたはミッシーという．「重複なく・漏れなく」という意味の mutually exclusive and collectively exhaustive の頭文字をとったもので，論理的思考（ロジカルシンキング）の一手法です．

めには，自由な発想，直観力，ものごとを自分の目で見る習慣を身につけることが大切です．6.1.4 項で紹介する梶原利幸は，「つねに疑問をもって物理現象の実相（真実）を掴むつもりで立ち向かうことが大切である」と言っています．

研究開発に一生懸命に取り組でいるときに，偶然，予想外の新現象に遭遇し，その究明から基本的な発明が生まれることがあります．このような予想外のものを発見することをセレンディピティといいます．セレンディピティという幸運に出会うためにも，興味をもったら，くわしく調べ，諦めずに解決手段を考え抜く執念をもつことが大切です．

多くの人にとっては，まったく新しい試みとなるでしょうから成功の保証はありませんが，失敗を恐れて躊躇していては何も生み出せませんので，チャレンジを楽しむ気持ちで取り組んでみましょう．

セレンディピティ（serendipity）

偶然の出来事を契機として発明・発見をつかみとる力のことをセレンディピティといいます．セレンディピティの逸話として，お風呂からあふれるお湯を見て浮力の原理を発見したアルキメデスの話や，混ぜる試薬を間違えたものの「捨てるのはもったいない」として使ってみたところ，ノーベル賞に結びつく大発見をした田中耕一の話が有名です．このほかにも，青カビから得たペニシリン，新しい溶媒の開発中に得られたテフロン，トランジスタ製造上のトラブルから生まれたエサキダイオードの発明などがその例といわれています．

フランスの細菌学者で，狂犬病ワクチンの開発で有名なルイ・パスツールは，

“Chance favours the prepared mind.”

（幸運の神様は，つねに用意された人に訪れる）

という名言を残しています．経験や知識は大切ですが，一瞬の気づきがなければ経験も知識もいかせません．その瞬間を見逃さない感覚や感性は，問題意識と解決努力の持続によって培われるといえるでしょう．

3.2　優れた発明

発明のテクニックとして組み合わせ，転用，置換について説明しましたが，いざ実践してみようとしてもすぐに始めるのは難しいと思います．そこで，ここでは，実際の特許の事例から，組み合わせ，転用，置換を具体的にみていき

ましょう．成功している発明は，もっともよい手本です．「問題をいかに解決し，どのようにその分野特有の新しい効果を実現しているか」についての主張も参考になると思います．

3.2.1 一般的な問題解決型の発明

3.1.1 項でも説明しましたが，ほとんどの発明は，他に先駆けて問題を発見してその原因を究明し，問題を解決しています．

（1） 卵のプラスチックパック

スーパーマーケットなどで売られている卵は，プラスチックパックに入っています．これは，運搬時などに卵が割れないよう保護するためのものですが，この単純そうにみえる卵のプラスチックパックも改良され，性能が向上していて，そこには多くの特許があります．ここで紹介する卵のプラスチックパックの特許は，開閉用スナップに関する特許です[1)]．

図 3.4 にその特許の図面を示します．フランジ部（6）に複数個の円形の窪み（7）が，また上蓋（3）にその窪みに対応する小突起（8）が設けられています．

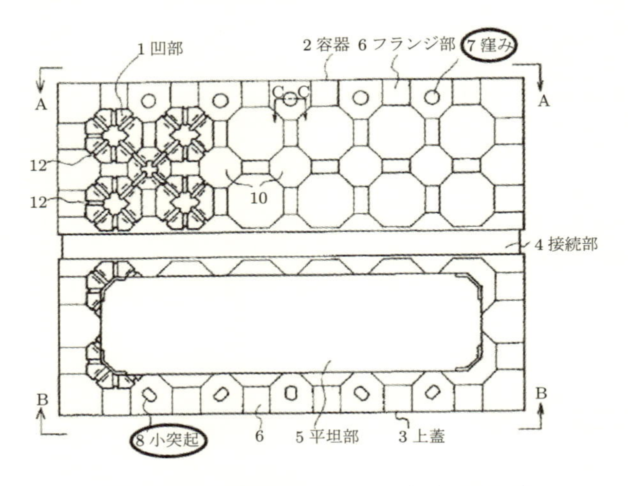

図 3.4 「一体成形型鶏卵パック」発明の図面

1） 特公平 7-98551，伊勢彦信，1986.12 出願．

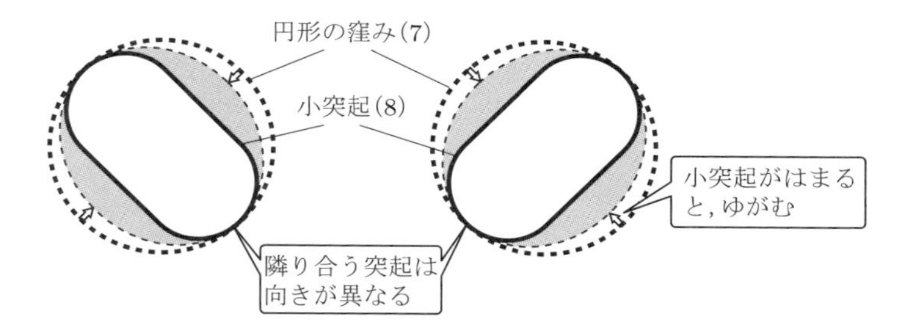

図 3.5 突起と窪み

小突起は円でなく細長い形で，図 3.5 に示すように，隣どうしが異なる向きになっています．蓋を閉じるときに，小突起をフランジ部の円形の窪みにはめると，フランジ部の窪みが変形し，しっかりはまり込みます．運搬時などに外部から力が加わっても，交差する方向に設けられた小突起の長手方向がつっかい棒の役目を果たすことにより，パックが開かないだけでなく，パック自体も構造として強固になります．

交差する方向に設けられたつっかい棒の原理をはめ合いに応用し，プラスチックパックの強度を上げる点が，これまでにない分野特有の新しい効果として認められました．

(2) 自動応答機能付携帯電話

会議中や電車の中で携帯電話が掛かってきても，マナーモードにしておけば，周りに迷惑を掛けなくてすみます．このマナーモードは，現在ではなくてはならないとても便利な機能ですが，掛け手側にとってはどうでしょうか．受け手が電話に出ない，折り返しの連絡もないとなれば，急用の場合はイライラするでしょうし，心配になることもあるでしょう．

この掛け手側の不満に応えたのが，着信と同時にあらかじめ用意しておいたメッセージで，自動応答する機能を備えた携帯電話です[1)]．この発明によって，電話に出られないときに，「ただいま電話に出ることができません．あと○○分後に電話を掛け直してください」または「ただいま電話に出ることができません．あと○○分後にこちらから掛け直します」などと伝えることが可能にな

1) 特許第 3564985 号，樋口和俊ほか，1997.12 出願．US6,823,182, Higuchi, K., et al., 2000.8 出願．

りました.

図3.6に,この発明の図面を示します.丸で囲んだF1からF3キー(16)が選択されたメッセージ送信のためのオンオフボタンです.明細書には,構成要素である複数メッセージを登録・記憶・選択する手段,メッセージ送信のオンオフキー,マナーモード時の振動などの選択手段,着信に同期するメッセージ送出手段について記載されています.

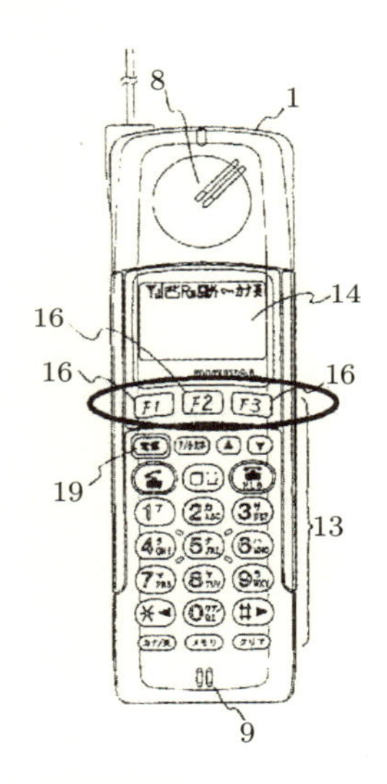

図3.6 「自動応答機能付携帯電話」発明の図面

この発明は,マナーモードと自動応答を同時に設定できる点が,これまでにないこの分野特有の新しい効果として認められ,特許になりました.既存の機能に新しい機能をうまく組み合わせています.この発明は,運転していた知人が自動車走行中にかかってきた電話に出て,警官に足止めされ,同乗していた著者(小川)がミラノ・オペラ座に間に合わなかった悔しい思いが発端となり,生まれました.

(3) カーナビゲーションシステム

つぎに紹介するのは,いまでは当たり前のように自動車についているカーナビゲーションシステム（カーナビ）に関する発明です．目的地を入力するだけで自動的に道案内をしてくれるので，どこに行くにも迷うことがなく，とても便利な製品です．しかし，発売されたばかりの頃には，その用途とは別にいろいろと問題がありました．

初期のカーナビの表示方式は平面的な地図表示だけで，曲がる方向などは把握しやすい反面，遠方の情報までは確認しにくいという難点がありました．

このような表示方式の問題を改善した発明として，建造物を立体的に表現し，また地平線や空などの背景を組み合わせて表示し，目的地や目的物を明確にする画面の表示方式の特許があります[1)]．これは，運転している場所の上空から進行方向を見た図（鳥瞰図：バードビュー）と，平面図を一つの画面に表示する特許です．

図 3.7（a）に図面を，図（b）に表示例を示します．図（b）に示すように，左側の図で現在位置を把握させると同時に，右側の運転手目線の鳥瞰図で，どちらに進むかといった直近の判断がくだしやすいように工夫されています．

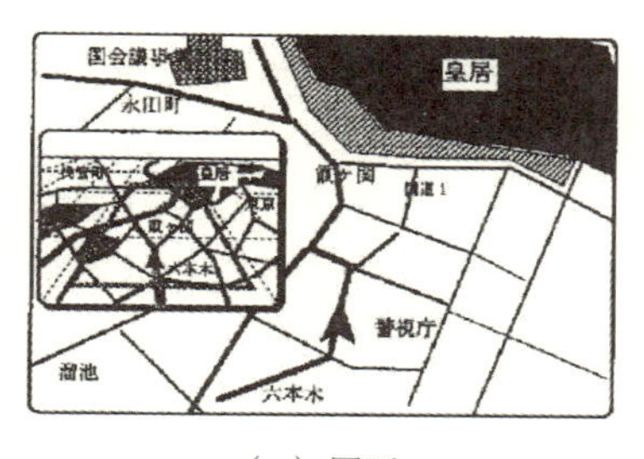

（a）図面

（b）実例（画像提供：クラリオン（株））

図 3.7　カーナビの鳥瞰図と平面図の表示

臨場感をさらに向上させる特許として，図 3.8 に示すような，画面の第 4 領域につねに空を表示して，行き先方向を明確化しやすくするものもあります[2)]．この特許では，さらに空の色を季節や昼夜で変化させることにより，鳥瞰図がより一層，把握しやすくなっています．この発明のポイントは，使用者目線で考え，これまでにない使いやすさというこの分野特有の新しい効果を生み出し

1）特許第 3428752 号，小柳拓央，1994.12 出願．
2）特許第 3415619 号，小柳拓央ほか，1994.11 出願．

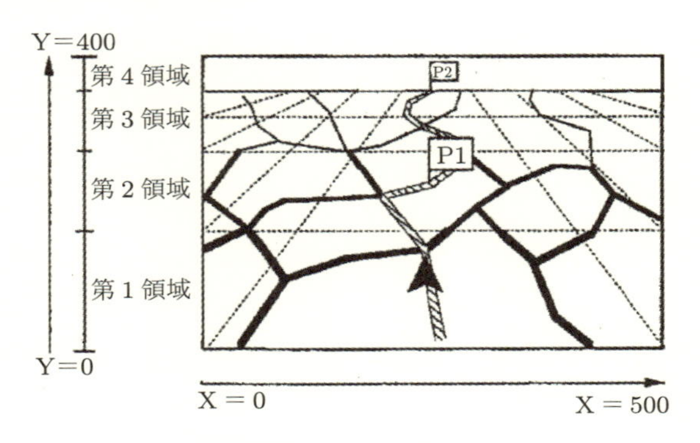

図 3.8 見やすい鳥瞰図

ている点です．現在これらの方式が多くのカーナビで使われています．

（4） 透明欄干エスカレータ

以前のエスカレータは，欄干（らんかん）（側面）が不透明でした．これは機構的な理由のため，技術者には当然として受け入れられていました．そのような状況のなか，発明されたのが，図 3.9 のような欄干が透明なエスカレータです[1]．

透明な欄干は解放感があり，スタイリッシュな印象を与えるだけでなく，エスカレータ側面を通した視界が開け，乗っている人がフロア全体を見渡すことができる点がこれまでにないこの分野特有の新しい効果です．現在，国内の室

図 3.9 透明欄干

1）特公昭 33-000321，神峯次郎，1955.9 出願．

内エスカレータの多くがこの透明欄干タイプになっています．

以前のエスカレータは，図3.10(a)に示すように，折り返し部には手摺りを駆動するための大きな案内車がありました．実は，この案内車を隠すために欄干は不透明にされていました．

そこで，案内車の代わりに，図(b)のような手摺り折り返し部に複数の小径コロ（10）を並べる構造にし，目隠しの必要をなくしたのです．この発明は，ベルトコンベアに用いられているコロを転用することで，手摺り折り返し構造そのものを変えた優れた発明です．

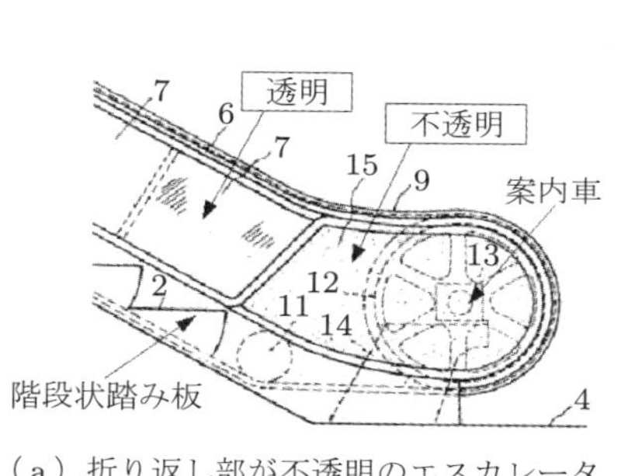

(a) 折り返し部が不透明のエスカレータ

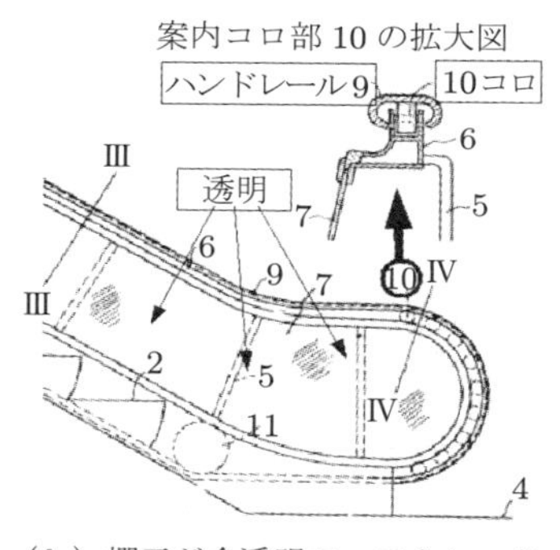

(b) 欄干が全透明のエスカレータ

図3.10 エスカレータの折り返し部側面図

(5) 芝刈機

発明を始める前に，過去の特許を調べることも重要です．つぎに紹介する例は，すでにある特許を改良することで成立した特許です．

芝刈機の開発を考えていた開発者が，刈り込み高さを変更できる機構を中心とした芝刈機の特許があることに気づきました[1)]．このような特許を**先行特許**といいます．図3.11(a)は，その先行特許の図面です．図(b)に，この特許発明の主要部である刈り込み高さを変える部分を示します．フレーム(24)に加工された複数の横方向の溝部(88)に車輪軸(80)が入り，その入る位置によって刈り込む芝の高さを調整します．

1) US3,299,622, Deptula, F., et al., 1965.9 出願.

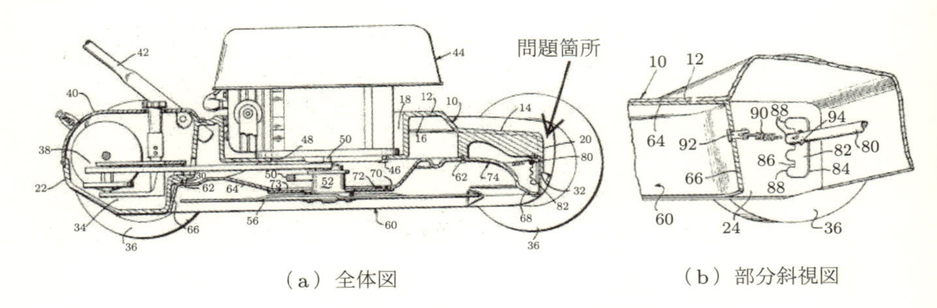

図 3.11 先行「芝刈機」発明の図面

この先行特許の内容をくわしく調べたところ，芝刈機を前後に押して深い芝に入ったり，芝に隠れた石などの障害物にあたったりすると，車輪軸が溝部から外れてしまう欠陥があることがわかりました．原因は，複数の溝部が横方向に開口しているためでした．ほかにも，ばね(90)の張力が車輪軸の設定場所により変わるために，芝の刈り込む高さによって車輪固定の安定性にバラツキが生じることにも気づきました．

そこで，開発者は，この問題点を改良した新しい発明を考え出しました[1)]．図 3.12 がその特許の図面です．車輪軸（９）の位置を選択して固定する溝部は，(10-1) ～ (10-3) のようにフレーム（８）の縦方向に，かつ下方が開口するように設けられています．この構造によって，芝刈機を前後に押しても車輪軸が溝から外れにくくなりました．また，車輪軸を引っ張るばね(11)の固定箇所

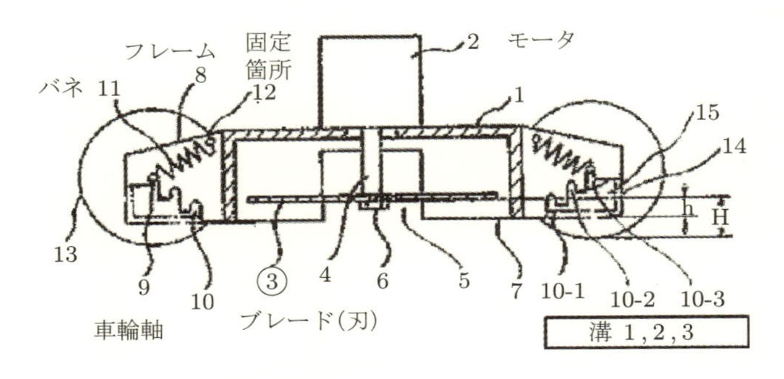

図 3.12 改良「芝刈機」発明の図面

1）特公昭 52-014174，塚本裕宥，1970.6 出願．

(12)は，複数の溝部に対してほぼ等距離の位置にあり，これによりどの溝部に設定してもばねの張力は一定になりました．

この特許は，先行特許の問題点を解決することで，これまでにないこの分野特有の新しい効果を生み出しました．

(6) 低・高倍率同時表示の走査型電子顕微鏡

顕微鏡は，16 世紀の発明以来，科学の解明に重要な役割を果たしてきた機器の一つです．もっとも一般的な光学顕微鏡では，光の波長の関係で 1000 倍程度の倍率が限界でした．しかし，走査型電子顕微鏡が開発されたことによって，今日では数十万倍といった高倍率による観察や分析が可能となり，顕微鏡はより一層科学の進歩に貢献しています．

このように高倍率の顕微鏡はたいへん有用ですが，高倍率ならではの問題があります．それは，現在観察している部分がどの部位なのかが判別しづらいことです．その問題にいち早く気づいて解決し，その差別化機能によって商品価値を高めたのが，「デュアルマグ（Dual Magnification）」とよばれる特許です．

デュアルマグは，走査型電子顕微鏡の操作中，高倍率のときにどこを見ているかわからなくなるという問題を，図 3.13 に示すような，低倍率像と高倍率像を二つのディスプレイに同時に表示することで解決した特許です[1]．しくみは，観察試料表面を電子線で走査するとき，走査振幅を時分割で切り換えることで，異なる倍率の観察像を部位を特定して同時に得るというものです．アイ

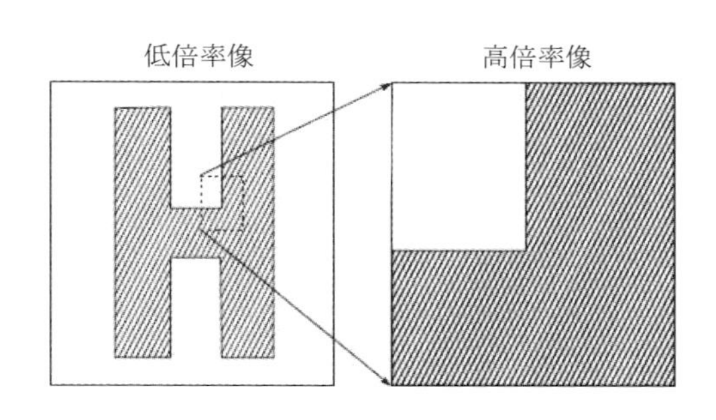

図 3.13 デュアルマグ

1) 特公昭 46-024459，藤安辰雄ほか，1967.7 出願．

デアは単純ですが，その実施のための部品性能の向上，回路構成の改良には，多大な労力が費やされたそうです．

高倍率像のディスプレイに表示されている範囲が，低倍率像のディスプレイに枠で示されることで，一目で高倍率像がどこを表示しているかがわかる，これまでにないこの分野特有の新しい効果が生み出されました．図3.14は，この走査型電子顕微鏡を使って撮影した蟻の頭部とあご部の写真です．

この発明により，開発メーカーは商品の差別化に成功し，走査型電子顕微鏡の普及とともにシェアを拡大することができました．この表示方法は，発明協会の全国発明賞を受賞し，いまでは業界の標準となっています．

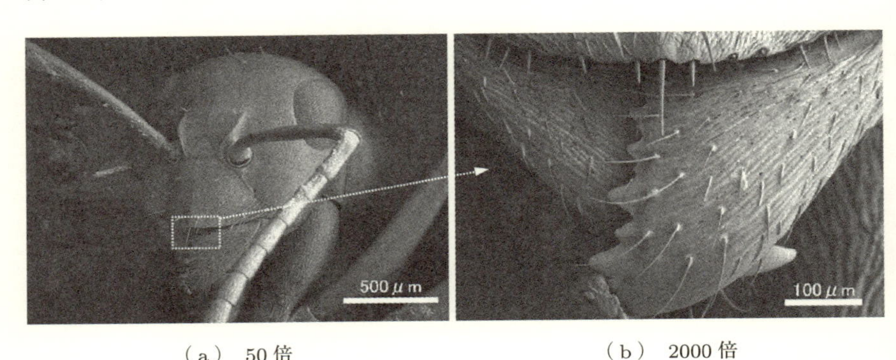

（a）　50倍　　　（b）　2000倍

図3.14　走査型電子顕微鏡で撮影した蟻（画像提供：(株)日立ハイテクノロジーズ）

3.2.2　新技術や新現象を利用した発明

「新しい技術が開発されました」「新しい物理現象が発見されました」といったニュースは，エンジニアにとって刺激となることでしょう．刺激されれば，「自分も新しい発見をするぞ」と研究開発にも熱が入ることと思いますが，その前に，その新しい技術や物理現象を使って，なにか身近にある問題を解決したり，有用な用途へ利用したりできないかを考えてみるのもおもしろいでしょう．

技術や現象の新しい利用方法を考えるとき，人と同じように考えていては他に先駆けたまったく新しい用途は思い浮かばないでしょう．難しいことですが，世の中の趨勢を見きわめ，常識にとらわれずに，自由に発想することが大切です．

この新技術や新現象の利用に関する発明で有名なのが，米国の発明家レメルソンです．レメルソンはものづくりを一切せず，もっぱらアイデアと詳細な机上検討だけで特許を取得しています．レメルソンの発明手法は，つぎのようなものです．

人物紹介：ジェローム・レメルソン（Jerome Lemelson）

1923年にニューヨークで生まれ，1951年にニューヨーク大学を卒業後，産業工学と航空工学の修士号を取得しました．以後，1997年に74歳で没するまで，個人発明家として，46年間に600件以上の特許を取得しています．成功報酬として得られた金額の何割かを提供するという契約をやり手の弁護士と結び，訴訟を武器にライセンス契約を展開して，一千億円以上という莫大なロイヤルティを得たことで有名です．現在，レメルソン財団は『レメルソンMIT発明革新賞』を設け，毎年50万ドルを優秀な発明者に贈っています．

レメルソンの代表的な特許としては，つぎのものがあります．

1）画像処理（ビデオ信号を検出・制御に利用/3.2.2項（1）参照）
2）カムコーダ（ハンドグリップ近辺に操作・制御スイッチを集約/US4,819,101など）
3）射出成型器（金型へのプラスチック流入速度をコンピュータで制御/US4,120,922など）
4）玩具（柔軟性プラスチック材による自動車走行路）
5）半導体（複数プロセスに半導体を自動搬送）
6）ビーム加工（物体に照射して表面加工/3.2.2項（2）参照）

① 新技術のシーズを文献や学会発表などで調べ，また将来予測されるニーズを新聞やテレビで調べ，新しいニーズを新しいシーズで解決することを考える．

② その後の社会ニーズや技術潮流を見守り，出願後に継続出願や分割出願（4.2節参照）を活用し，他人が使いたくなる，または使わざるを得ない特許に育て上げる．

レメルソンは，机上であたかも実際に設計・製造するかのごとく詳細に検討し，既存の明細書や技術文献を利用して，明細書と図面を作成しています．このレメルソンの発明手法を使いチームプレーで特許を取得することは，いまでも重要な特許出願戦略の一つです．

ここでは，彼の発明を二つ紹介します．

(１) 画像処理

第二次世界大戦が終わって間もない1950年代に，画像表示用のビデオ信号技術が開発されました．この技術自体有用なのですが，レメルソンはこの新技術を計測や制御に利用すれば人間の頭と目の代わりになると考えました．そして，この考えに従い，対象物を電子・光学的に走査してビデオ信号を発生させ，これと事前にメモリに格納してある標準信号と比較解析して差異を検出し，その違いを明らかにする装置とその方法を発明しました[1)]．図3.15に発明の概念を示します．

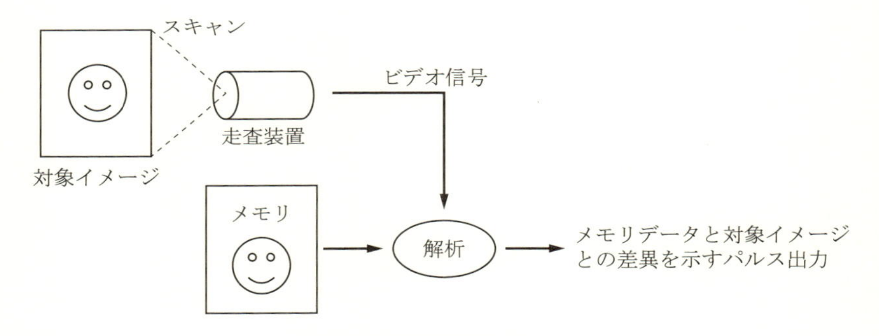

図3.15 画像処理装置

この発明の原出願は1954年です．当時は，R社やA社によって，ビデオ信号を利用した画像表示装置が開発されたばかりで，その技術を制御や計測に使うという着想は誰ももっていませんでした．

この特許は，現在，位置合わせシステム，物品の外観検査，バーコード読み取りなど多くの機器に利用されて使われています．使用にあたっては，ライセンス契約（5.3.3項参照）などが結ばれているため，多大な収益をあげていると思われます．まさに，次世代を予測して先行的に完成させた発明です．

実は，この特許は，一切試作されていません．しかし，単なるアイデアにとどまらず，それを実現するための技術が明細書にくわしく展開されています．

1) US4,118,730, Lemelson, J., 1972.5出願（1954.12優先）．

この出願書類は，特許請求項の数 23，図面の数 25，明細書 49 ページに及ぶ大作です．

その後 11 件の継続出願や分割出願を経て，1992 年に広範囲の特許が成立しました[1, 2]．継続出願（continuing application：CA）とは，米国特有の制度で，先願に開示された発明内容を変えずに異なる切り口で出願し直すことです．分割出願（divisional application：DA）とは，先願に開示された発明の一部を別発明として出願することです（詳細は 4.2.2 項参照）．

（２） 表面処理装置とその方法

電子顕微鏡では観察試料に電子ビームを照射しますが，照射量が多いと試料にダメージ（損傷）を与えてしまいます．レメルソンは，電子やイオンビームの強力なパワーに着目し，このダメージを積極的に利用して物質の表面に物理的変化をもたらす加工装置と方法を発明しました[3]．

図 3.16 に図面を示します．試料(40)は XY 方向に移動するテーブル(41)に固定され，全体が真空チャンバー(12)に納まっています．ビームはガン(18)で発生し，レンズ(23 ～ 25)で絞られ，試料(40)に照射するしくみになっています．あたかも実際に試作したかのように装置の構造がくわしく記載されていますが，既知の電子顕微鏡の構造を借用して実施例をつくり上げたもので，これも試作されていません．実用化はかなり後になりますが，現在では非接触で金属，非金属，生体などへの加工処理装置としてたいへん重要なものとなっています．

米国における「先見の明」となる発明ですが，日本で「国産電子顕微鏡の父」とよばれる只野文哉（ただのぶんや）が，レメルソンより早くこの電子ビームによってダメージを受ける現象に気づいていました．しかし，この利用法について特許を申請することはありませんでした．彼は，のちに「試料ダメージの防止方法のみに没頭し，電子加工法を着想しなかった自分の失敗は国際会議表彰クラスの失敗で

1）US5,119,190, Lemelson, J., 1989.10 出願（1954.12 優先）．

2）サブマリン（潜水艦）特許として有名です（4.2.2 項（２）参照）．後半に成立した特許については，手続きに過失（懈怠（けたい））があったとして，無効とする判決が 2007 年に米国巡回控訴裁判所から出されました（p. 113 の脚注 1)参照）．

3）US5,064,989, Lemelson, J., 1989.5 出願（1957.6 優先）．

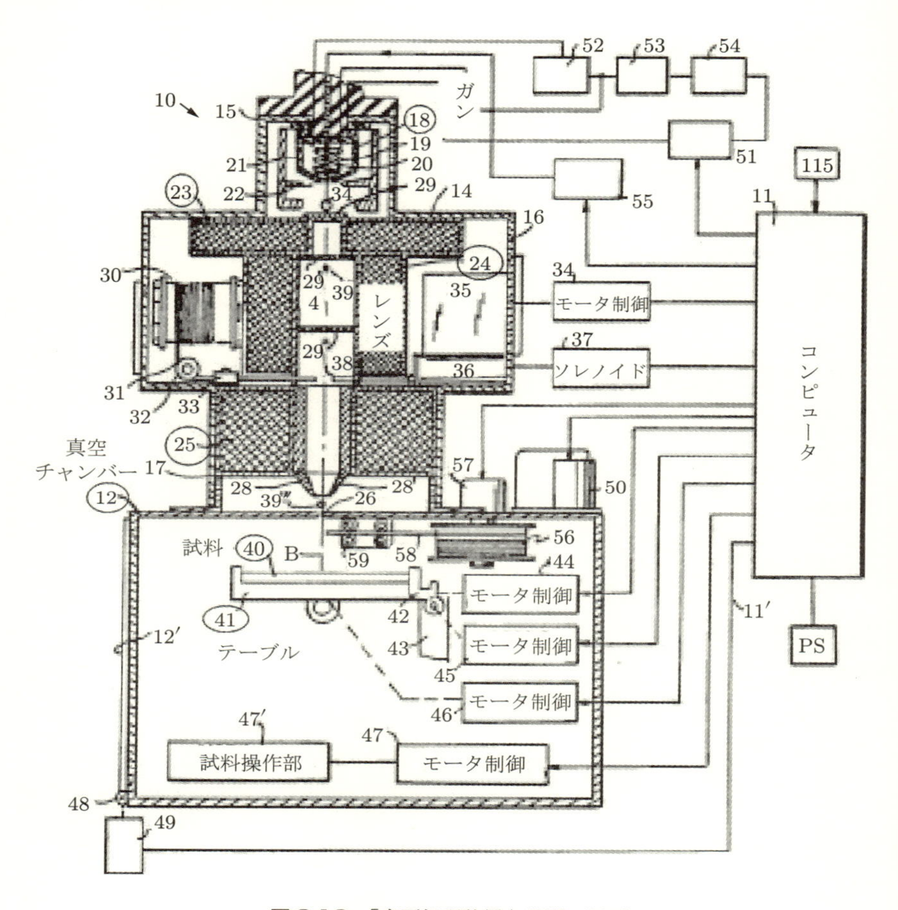

図3.16 「表面処理装置」発明の図面

ある」と述懐しています[1].

優れたエンジニアでもこのようにチャンスをうっかり見過ごしてしまうわけですから，簡単ではありませんが，つねに新しい発明の種となるのではないかという問題意識をもって物事を観察する習慣をつけておくことが大切です．すでに説明したように，偶然の現象に出会ったときにその潜在価値を見つけたり，将来ニーズに結び付けたりする能力（セレンディピティ）は大発明や大発見の

1)「返仁」No. 841998 年秋日立返仁会.

もととなるといわれていますが，その能力の育成も日頃の問題意識のもち方が決め手になるでしょう．

3.2.3 ビジネスモデル特許

2.2 節の特許 7 要件のところで説明したように，コンピュータを使った新しいビジネスの方法にかかわる発明でも特許を取得することができます．こういった特許を**ビジネスモデル特許**といいます．

長い間，人為的な取り決めや抽象的なアイデアは特許の対象にはならないとされてきましたが，1998 年 7 月，米国連邦控訴裁判所（CAFC）におけるステートストリートバンク事件で，金融ビジネスに関するアイデアであっても「有用で，具体的かつ現実的な結果（useful, concrete and tangible results）をもたらすものならば特許になりうる」とする判決がくだされました．これがきっかけとなり，特許との関係が薄かった広告，流通，金融，その他サービスなどの分野，業種においても，出願事例が多く見られるようになりました[1)]．この判決が，ビジネスモデル特許の始まりです．これにより，コンピュータや IT（information technology），インターネットを利用して，新しいビジネスの方法を生み出すことができれば特許になる可能性が出てきたわけです．

ただし，ビジネスモデルという言葉から想像されるような事業方法や営業方法そのものが特許の対象となったわけではないので，「人為的取り決め」そのものが特許として認められるわけではありません．このため，従来，人手で行っていたビジネスの方法を，コンピュータなどで効率良く行うだけでは特許になりません．米国では，コンピュータの使い方自身に発明に相当する工夫がないビジネスモデルは特許にならないとする判決が続出しています．

ここでは，二つのビジネスモデル特許を紹介します．

(1) 逆オークション

通常のオークションは，提供される対象物に対してもっとも高い価格を示したユーザー（購入希望者）が購入できます．ここで紹介する発明はその発想を

---

1) 例 1：US5,193,056, Boes, T., 1991.3 出願．
例 2：特許第 3685788 号，強瀬理一ほか，2003.4 出願．

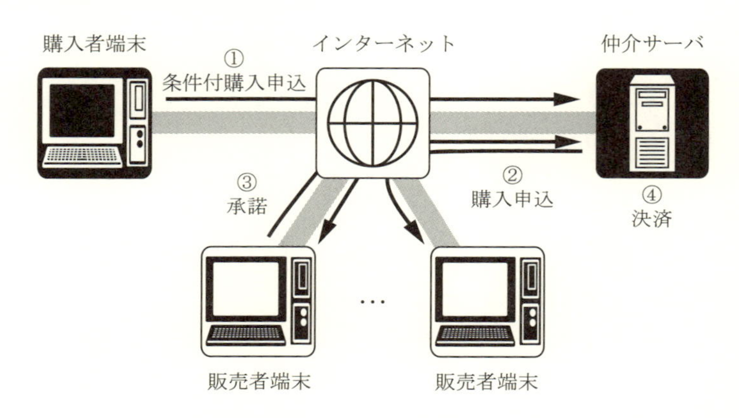

図3.17　逆オークション特許の概念

逆転し，ユーザーが希望価格を提示して，それを満たす対象物を提供者が提示するようにしたものです[1)]．図3.17にユーザーが購入条件を指定する逆オークションを行う仲介システムの流れを示します．航空券を購入する例で考えてみます．

① ユーザーは，仲介サーバーにアクセスして，出発地，目的地，日時などのほか，希望価格を指定して，購入の申込を行う．クレジットカード番号は事前に登録する．

② 購入申込を受けた仲介サーバーは，これを複数のチケット販売業者に転送する．

③ 販売の条件を受諾できるチケット販売業者は，その旨を仲介サーバーに返送する．

④ 仲介サーバーは，いずれかの販売業者から受諾の旨の返信があると，ユーザーのクレジットカード番号でチケット購入の決済を行い，ユーザーに結果を知らせる．

このシステムは，ユーザーが価格を指定して複数の販売者に提示する，ユーザー主導のオークションである点が特徴です．また，クレジットカード番号をあらかじめ登録し，販売業者の受諾によりすぐに決済を行うようにすることで，ユーザーによる「ひやかし」を防いでいます．発明したジェイ・ウォーカー（J.

1）たとえば，US5,794,207, Walker, J., 1996.9出願.

Wallker）は，「つねにユーザーの立場になってものごとを考えよう」といっています．

（2） コールセンターや音声自動応答

1960年初め頃，大学を出たばかりのカッツ（Ronald A. Katz）は，世間では，給料として受け取った小切手を使用する際に，本物かどうかチェックされていないことを知りました．店は，詐欺防止のために小切手をチェックする必要があるものの，小切手ごとに問い合わせ先が異なり，手間のかかるこの作業を省略していたのです．彼はこの問題から手軽なチェック手続きにニーズがあると考え，電話を利用して小切手が本物かどうかを銀行にリアルタイムにチェックする会社を立ち上げました．しかし，ニーズはあったものの，交換手が24時間応対しなければならず，人件費がかさみ赤字続きでした．

そこで，あらかじめ決められた音声自動応答機能とメモリ機能のあるコンピュータ，電話を組み合せて利用し，電話をかける人がボタン操作してコンピュータと対話することで，交換手なしで24時間対応可能なサービスを考え出します．彼はこれを1987年に特許として出願しました[1)]．

図3.18に特許の図面を示します．$T_1 \sim T_N$は電話端末，Cは既存の通信設備，Dは中央処理・制御装置でコンピュータ，音声発生部，比較制御部，応

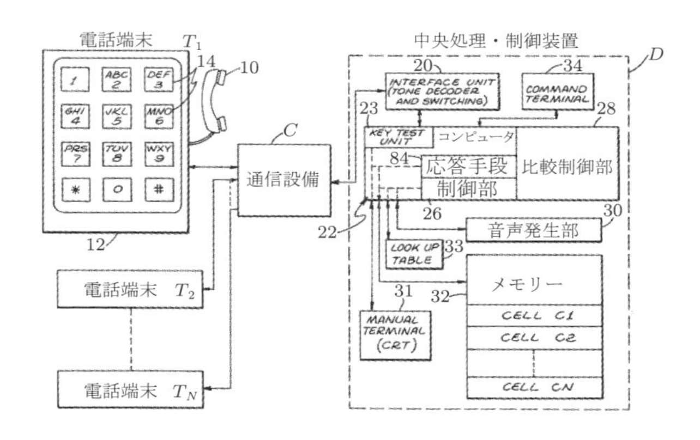

図3.18 「音声自動応答システム」発明の図面

1) たとえば，US4,792,968, Katz, R., 1987.2出願（1985.7優先）．

答手順制御部，電話をかける人の個人情報を蓄積するメモリからなります．

彼は，この親出願をもとにして，レメルソンと同じように継続出願や分割出願を駆使し，約50件の特許網（クレームの累計総数は計約2000）をつくり上げ，巧みな訴訟戦術と交渉戦術を駆使し，2009年には2000億円に近い実施料収入を得たといわれています．

ビジネスモデルは少し特殊な発明ですが，発明の基本は通常の発明と同じです．常識や固定観念にとらわれずに自由な発想から，ユーザーの視点で使いやすさなどを追及することが大切です．

3.3　つねに意識しておきたい四つのポイント

3.2節で紹介した特許の多くは，他者が参入した場合どうしても使わざるを得ない必然的な特許でした．こういった必然的な特許は，いったん特許になると無効にしたり，回避したりすることが非常に困難であることが多く，ビジネスの道具として非常に有効です．こういった特許を**戦略特許**といいます．特許に対するエンジニアの基本的な姿勢としては，この戦略特許を目指すことです．

さて，戦略特許に限ったことではないですが，特許を目指すエンジニアとして発明の段階からつぎのことを心掛けておくことが大切です．

① 問題を探し，分野特有の新しい効果を抽出する

② 実施上の問題点をできる限り多面的に具体的に検討する

③ 一見あたり前と思える有効な発明を見逃がさない

④ 他者の実施を検証できるか検討する

ここでは，重要なこの四つの心構えについて実例を交えて説明します．

3.3.1　問題を探し，分野特有の新しい効果を抽出する

「どうすればもっと使いやすくなるだろうか」「どこを改良すればもっと多くの人から好まれる商品にできるだろうか」「どうしたらもっと安く早くつくることができるだろうか」など，常日頃からエンジニアの視点で，問題点や改善点を抽出する習慣をつけるようにしましょう．具体案ができ上がったら，分野特有の新しい効果が主張できないか検討します．新製品や改良品の着想が生ま

れたときには，そこに必らず戦略特許のタネがあると考えて検討することが大切です．

3.3.3 項で紹介するモリブデン（Mo）特許では，数百アンペアの整流で発生する熱の処理は，この分野特有の新しい問題であり，その解決は新しい効果の実現であると強く主張して特許化に成功しています．

演習問題 3.3 で紹介する中央二分割の掃除機でも，新しい切り口からごみ処理に関する新しい効果を見つけ出して特許にしています．

3.3.2　実施上の問題点をできる限り多面的に具体的に検討する

日本をはじめ世界標準の先願主義（first to file system）においては，ある意味で出願は時間との勝負です．しかし，急ぐあまり問題の追求や検討が浅ければ，特許化できなかったり，または他社にアイデアだけを与え，その改良発明を権利化されてしまったりすることになりかねません．

そうならないためには，発明をつくり上げていく過程で，実施上の問題点をできる限り多面的に具体的に検討し，それをすべて究明し，その解決手段を明細書に盛り込んでいくことが大切です．先を見通した発明ではとくに実施上の問題点の検討が重要です．つぎにこの成功例と失敗例を紹介します．

（1）【成功例】二交点 DRAM

二交点 DRAM についての発明があります．この発明は，技術のニーズを先取りした発明としても優れていますが，さらに一歩二歩と踏み込んで検討した内容も盛り込んで明細書をまとめあげた点がとくに優れています．

従来の DRAM の配置を図 3.19 に，二交点セル方式の配置を図 3.20 に示します．従来の方式は，比較するセル MC_0，DM_1 のペアがセンスアンプ PA_0 の左右に設けられた開放配置方式になっていて，わずか 2 ～ 3 mm ですが，ペアが物理的に離れています．このために，対のデータ線には異なる雑音が外部から入り込んだ場合，センスアンプで差動増幅しても相殺除去できません．一方，二交点セル方式では比較するセル DM_0，DM_1 が近接して平行配置されているので，対のデータ線の雑音は等しくなり，これらは PA_0 で相殺除去できます．

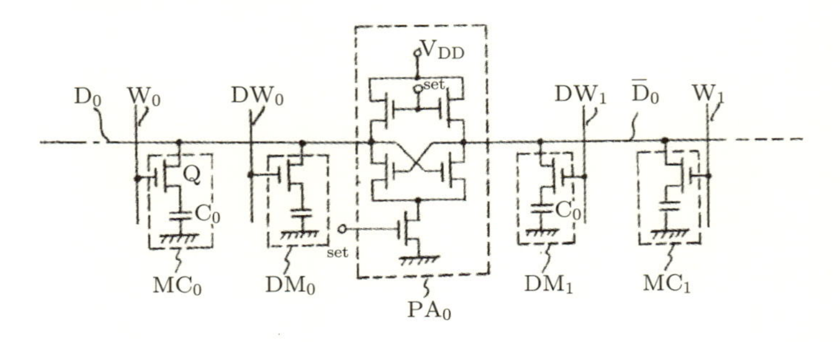

図 3.19 従来例の図面

H 社の伊藤清男は，かつて手掛けた磁性体メモリの雑音対策と原理は同じとの類推（アナロジー：analogy）から，「将来，高集積度と 5 V 低電圧駆動（当時の主流は 12 V）のなかでは，雑音が大問題になる」と予見し，1974 年に二交点セル方式に関するこの基本特許を出願しました[1)].

出願時には製品化が決まっていませんでしたが，彼は図 3.20 の基本回路だけでなく，実施化に向けてさらに踏み込んだ検討をして，図 3.21 に示すレイアウト図および断面図も実施例として記載しました．基本回路は概念図に過ぎません．試作前の段階にもかかわらず，熟考し実際の構造を想定したレイアウト図や断面図の検討を行ったのです．出願後にその内容をもとにして多くの分割出願を行い[2)]，特許網によって，二交点 DRAM の多面的な特徴構造を押さえることができました．この「いま一歩の踏み込み」が非常に重要でした．将来

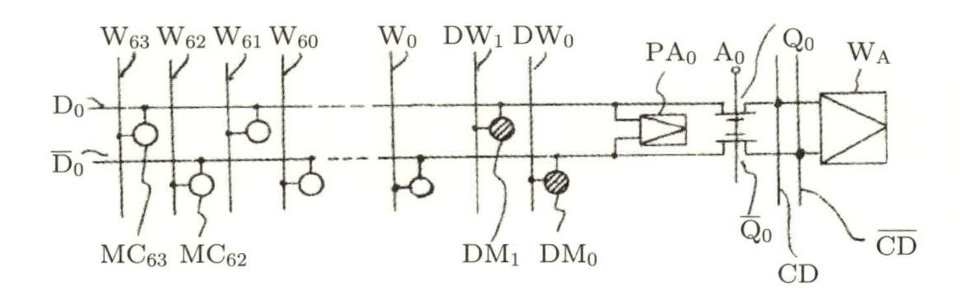

図 3.20 「二交点セルの基本回路」発明の図面

1）特公昭 55-039073，伊藤清男，1974.12 出願.
2）たとえば，特公昭 60-019597，伊藤清男，1974.12 出願.

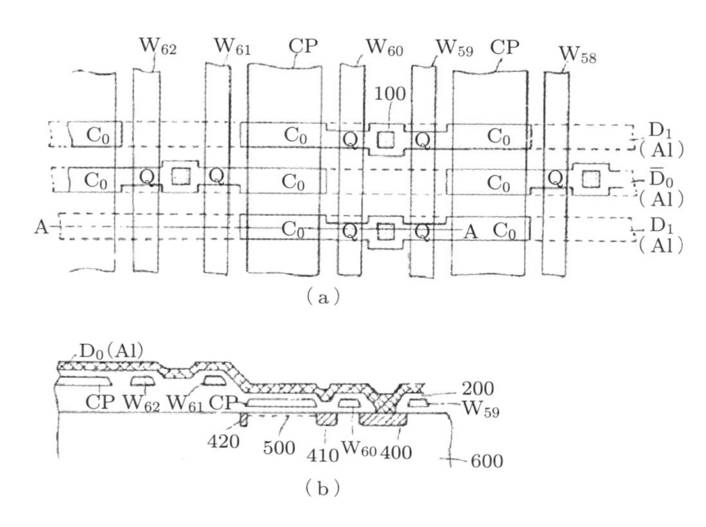

図 3.21　二交点セルのレイアウト・断面

における実施上の課題を予測し，それを解決する内容も盛り込んだ発明にできるかどうかがビジネスでの利用価値を左右するといっても過言ではありません．

この発明は，1980 年に発表された 64 K ビット DRAM で初めて採用され，その後は世界標準となっています．

(2)【失敗例】到着エレベータのお知らせ

大きなビルなどで数台のエレベータが並んでいる場合に，天井のライトからの投光で到着するエレベータを知らせるしくみがあります．このしくみには，類似の二つの特許があります．

先行して特許された発明が，図 3.22(a)です[1)]．この特許は，1960 年 10 月に公告となっています．図(b)は，図(a)の公告後の 1961 年 3 月に出願されたものです[2)]．違いは，図(a)がライトでエレベータ扉**そのもの**を照らすのに対して，図(b)はエレベータ扉**上部**を照らす点です．

エレベータの到着を待っている人にとって，目線の高さにある扉が照らされ

1）特公昭 35-015122，加藤清次郎ほか，1958.3 出願．

2）特公昭 38-002207，原田輝夫，1961.3 出願．

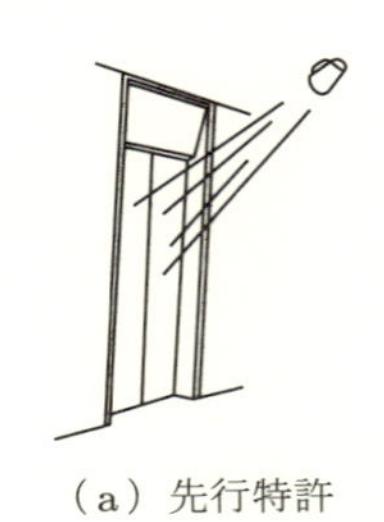

（a）先行特許

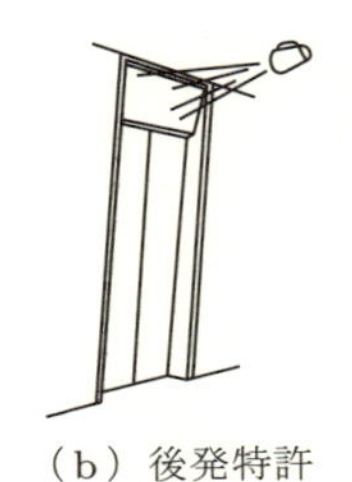

（b）後発特許

図 3.22 到着エレベータの表示

るほうがわかりやすいのですが，図（a）の方法では，扉が開いた途端，到着するエレベータに乗っている人にライトが向けられることになり，眩しくて不快でした．その点を解決したのが，図（b）の特許でした．

到着するエレベータを投射光によって知らせるという図（a）のアイデア自体はよかったものの，実施される状況を十分吟味できていなかったため，問題を抱えた発明となり，みすみすライバル会社にヒントだけ与える形となってしまいました．問題点を十分に検討することの大切さがよくわかる事例です．

（３）【失敗例】自動車ダイナモパックダイオード

自動車が急速に普及しつつあった1970年頃の話です．車にはエンジンのほかに電源の主要ユニットとして交流発電機（ダイナモ）が備えられています．交流発電機からの三相交流出力は，ダイオードブリッジ回路で整流され（図3.23）直流に変換され，バッテリーを充電します．当時は，有底のキャン（金属容器）の底部に整流素子を取り付け，ガラスなどで密封してリード線を引き出すキャンシール整流素子を取付板の穴に所要個数（6 個）はめ込んでダイオードブリッジ回路を構成していました（図 3.24）．

しかし，この構成はキャン構造の複雑さに加え，その取り付けに時間が掛かると共にキャンが振動で抜け落ちる恐れがあるなどの問題がありました．そこで設計開発者は，ダイオード素子を取付板のくぼみに配置し，樹脂で封止する直付け方法を発案して特許出願しました（図 3.25）．

審査の過程で審査官から指摘のあった公知例（図 3.26）には，取付板に素子を直付けしたものが記載されていました．取付板のくぼみに素子を直付けし

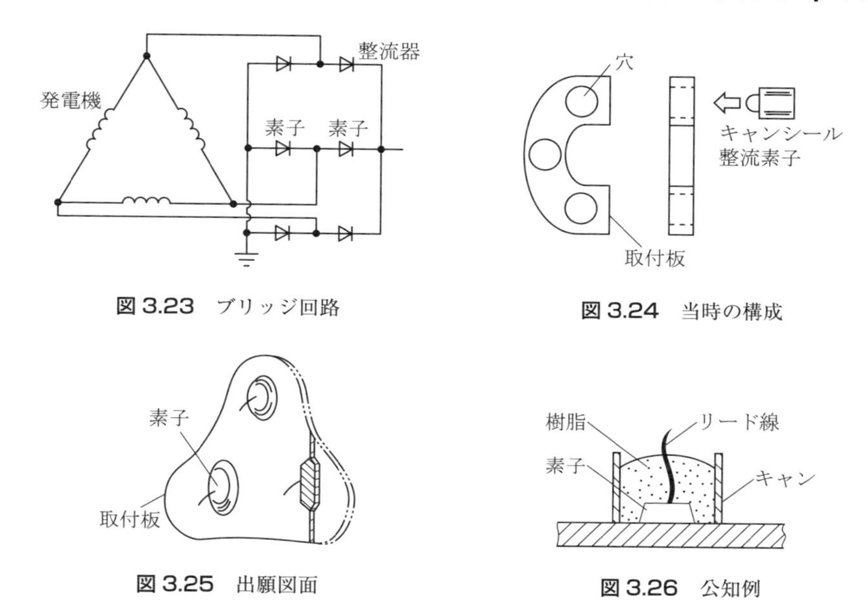

図 3.23　ブリッジ回路

図 3.24　当時の構成

図 3.25　出願図面

図 3.26　公知例

たことで，① 冷却効果が増す，② 素子の座りが良い，などの効果の差があると主張しましたが，簡単な実施例の記載しかなく，審査官，審判官を説得することができず，特許になりませんでした．

権利化をあきらめざるを得なかった要因は，実施する構成を吟味しないでアイデアだけで出願したことです．出願時に実施を想定したユニットの構成や封止部の断面図を記載しておけば，公知例との相違を明らかにすることができ，特許を取得することができたものと考えられます．たとえば，自動車用ですので耐震構造を有するリード配線が要求されるでしょうし，高温多湿な過酷な環境に耐えるような樹脂封止構造が要求されたでしょう．これらを検討して，その解決手段（ときには解決手段の示唆）を明細書に盛り込んでおけば良かったと思われます．

アイデアだけの出願は，公知例で拒絶される可能性が高いため，実施上の問題点について十二分に検討し，その解決案も盛り込んでおく必要があります．ちなみに，柔軟性のあるリード端子(5)を利用して耐震性を改善し，また表面安定化材(9)をモールド材(10)で密閉して耐湿性を改善した図 3.27 に示すダイ

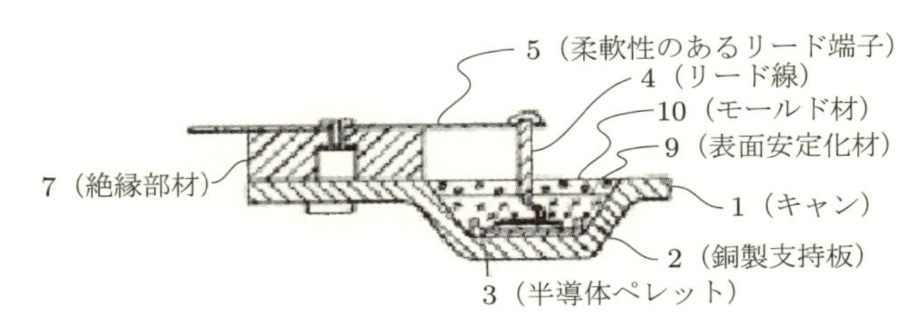

図 3.27 実際に使われた構成

ナモパックダイオードは，その後の主流製品となりました．

3.3.3 一見あたり前と思える有効な発明を見逃がさない

何度も繰り返しますが，その分野特有の新しい効果が認められれば特許になります．

研究者や技術者が，自らの技術を過小評価して「これはあたり前の技術で，特許になるはずがない」と判断した発明でも，技術分野特有の新しい効果を示すことができれば特許になります．あたり前にみえる特許は，必要不可欠な特許である可能性が高いため，他社に先を越された場合，莫大な特許実施料を支払うことになりかねません．安易な判断で，みすみす宝を見逃し，他人や他社に先を越されることが起こらないようにしましょう．

ここでは，一見あたり前と思われる発明を必然的な有効な特許に仕立てた代表的な三例を紹介します．

(1) モリブデン（Mo）特許

半導体事業の草創期の1960年頃，トランジスタの実用化が始まりました．数十から数百アンペアの大電流を取り扱う電力用の整流器にもその波が押し寄せ，世界の有力電機メーカーが開発にしのぎを削っていました．H社は米国G社と技術提携を結び，所定のロイヤルティを支払って技術を供与されていましたが，米国W社がその開発に関係する特許を二つもっていることがのちに判明しました．

W社特許の二つのうち一つ目の特許の図面を図3.28に示します[1)]．2枚の

1）特公昭32-004519，ボイア，J. ほか，1955.1出願（1954.1優先/米国）．

支持板によってケイ素（Si）やゲルマニウム（Ge）からなる半導体を挟んだサンドイッチ構造で，第1の支持板が放熱効果の良いハンダ（蝋（ろう）材：solder），第2の支持板が半導体と合金接合をつくるハンダ（たとえば，インジウム（In））によって取り付けられています．第1および第2の支持板には，熱伝導が良く，熱膨張率が半導体材料に近い金属板を使用するもので，明細書ではもっとも適した材料として金属加工特性にも優れたモリブデン（Mo）が記載されています．

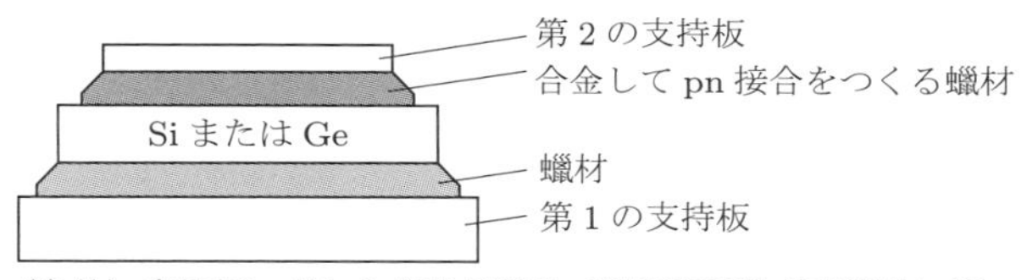

図 3.28　W 社特許 1（1955.1 出願）

二つ目は，特許1の分割出願にかかわる特許です[1)]．図 3.29 にその構造を示します．これは pn 接合体が，モリブデンからなる支持板にハンダで取り付けられる構造で，pn 接合は合金接合に限定されていません．これは後述する P 社の特許公報（1956.2）を見てから分割したと思われます．W 社は数百アンペアという大電流を整流するときに発生する熱は大問題であることを強く主張して，その解決手段をこの分野特有の新しい効果として明細書を作成し，権利化に成功していました．

G 社から供与されていた技術は，モリブデン支持板と合金接合法を採用していました．問い合せたところ，G 社は，1952 ～ 1953 年にかけて（W 社の出願日以前）モリブデン支持板を使って合金接合をつくった研究ノートがあるが，熱を逃がすために良熱伝導体であり，加工性も良いモリブデン支持板を使用す

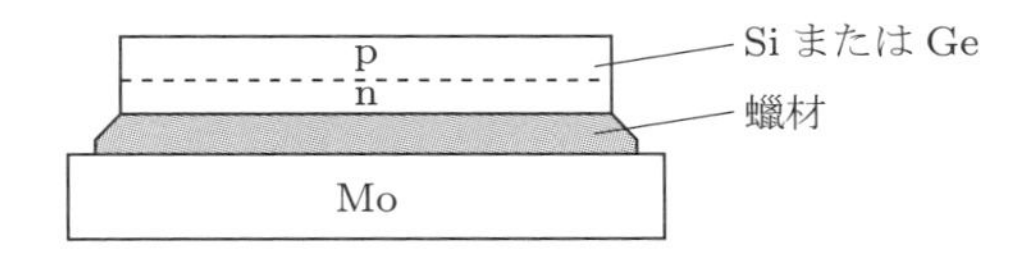

図 3.29　W 社特許 2（1956.10 分割出願）

1）特公昭 34-006171，ボイア，J. ほか，1955.1 出願（1954.1 優先/米国）．

ることは技術者にとって当然のことであると考え，特許出願も，また学術論文発表もしていませんでした．しかし，社内の研究ノートや，たとえそれが実施されていても，日本の特許法による公知例は，当時，外国刊行物に限られていたため，結局，G社の技術はW社の特許の権利を侵害していることになり，G社の技術を利用するには，W社にライセンス料を支払う必要が生じました．

H社は，仕方なく，W社とのライセンス交渉を始めますが，交渉は難航しました．最終的に経営幹部の話し合いにより，実施許諾を受けることができるようになりましたが，その実施料はG社のそれより高いものでした．あたり前と考えて出願しなかった技術が，高額な特許料になっていたわけです[1)]．

ところで，技術開発が競争状態にあるときには，誰もが同じ課題にぶつかり，同一または類似の解決手段を見出すものです．実は，W社とは別に，オランダP社も同様の発明を特許化していました[2)]．その発明の図面を図3.30に示します．熱膨張係数が半導体と近く，熱伝導度が良く，酸化エッチング液に強いモリブデンまたはタングステン（W）などを支持板として使用するという発明です．

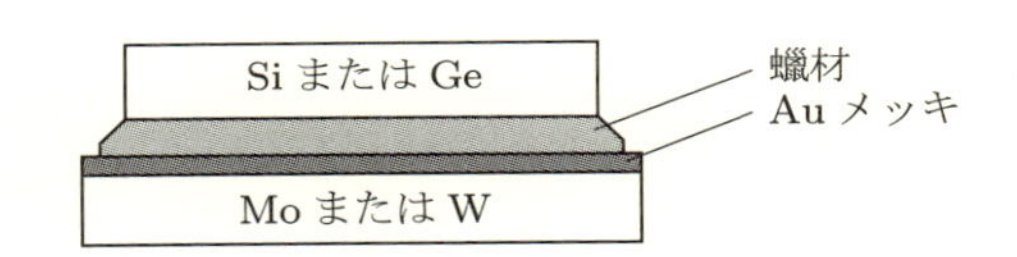

図3.30 P社の特許（優先日 1954.7）

G社はあたり前の技術として特許出願をしていなかったのに対して，W社とP社は発明の効果を多面的かつ詳細に検討し，この分野特有の新しい効果を明細書に記述して，世界中で特許権を取得していました．

この事例からわかるように，つぎのことをつねに肝に銘じておくとよいでしょう．

---

1) 後日談ですが，このロイヤルティが高額であったため，H社では，研究開発部門と特許部門が一体となって，数年後にこのW社，P社の先行特許を回避することに成功しました．その戦法は，① 後願のP社特許を先願のW社特許と同一であるとし，まず無効にし，② 支持板をMoからWにし，接合製作法を合金法から拡散法にすることで，W社特許を回避する，というものでした．これにより，晴れて1960年代後半に事業展開の立ち上げにこぎつけました．

2) 特公昭31-001291，ウイレムス，S. ほか，1955.6 出願（1954.7 優先/オランダ）．

- 特許は「なる」ではなく,「する」ものと考え,分野特有の新しい効果を主張して権利化を図る.
- 一見あたり前に見える技術は回避しようがなく,必然的な特許であり,戦略特許になりうる可能性が高い.見逃さないように注意する.

なお,この事例のように,技術がわかっている人だけで特許の可能性を判断することは危険です.技術者と特許の担当者もしくは専門家とで力を合わせて,問題にあたることが大切です.

(2) 複合半導体ダイシング特許

整流器に使われる半導体素子一つの耐圧はせいぜい 1000 ~ 1500 V のため,ブラウン管テレビや X 線機器など非常に高い電圧を要する場合などは,複数個の素子を直列に接続して使用します.これを複合半導体素子といいます.複合半導体素子は,直径 2 ~ 3 mm 程度の小サイズの pn 半導体素子をまず切り出し,それを蝋材(ろうざい)(ハンダ)を介して積み重ねて製造されていました.サイズが小さいため,製造が難しく,またショートがよく起こるという問題を抱えていました.

この問題をくわしく調べたところ,図 3.31 に示すように,蝋材(2)の厚みが不均一となっていて,場所によっては端面にはみ出て pn 半導体素子(1)どうしが短絡してしまい,これがショートを引き起こしていることがわかりました.ショートが起こらない複合半導体素子を製造するには,この蝋材の不均一をなくす必要がありましたが,半導体素子は小さいため,蝋材を均一に,そしてはみ出しをなくすことは,簡単には実現できそうにありませんでした.

そこで,この問題を解決するために考え出されたのが,これまでの製造工程とは反対に,まず蝋材を挟んだ大寸法,大面積の半導体素子を作成し,それを図 3.32 に示すように切断して,小サイズの半導体をつくり出す製造方法でした.サンドイッチをつくるときの要領と同じです.特許請求の範囲はつぎのよ

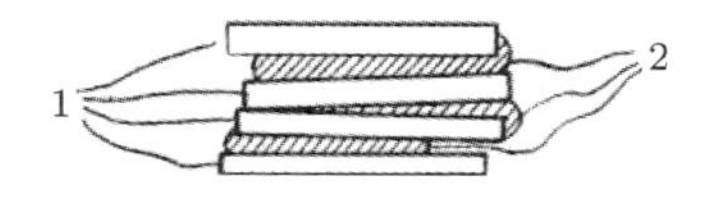

図 3.31 従来の方法

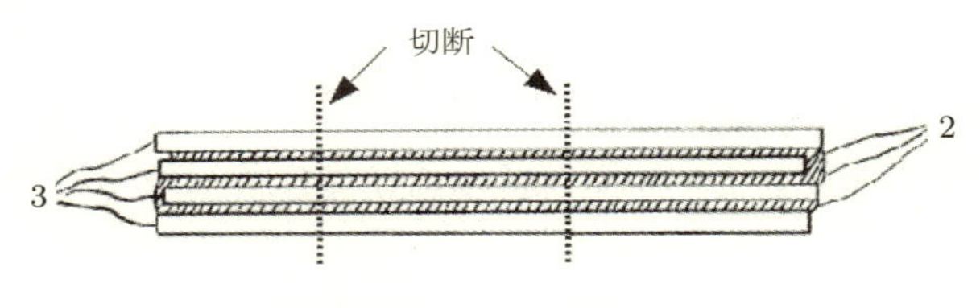

図 3.32 本発明の製造過程

うに単純明快です．

「pn 接合を有する大面積半導体薄片を蝋材を介して複数個積み重ね加熱接着せしめた後，これを所要の大きさに切断することを特徴とする複合半導体素子の製造方法．」

この製造方法によって，半導体素子の間に均一に蝋剤が行きわたり，蝋材が端面にはみ出すこともなくなり，短絡のない複合半導体素子を安定に生産できるようになりました[1)]．

これは，工場で実際に製造している作業者と設計者との協力によって生まれたと思われる発明です．一見あたり前のことで発明にならないように思えますが，半導体分野に適用してショートというこの分野特有の問題を解決した優れた発明です．代案がないため，多くの会社がライセンス契約をした戦略特許です[2)]．

（3） 光ディスクのスポット径技術

CD-ROM や DVD-ROM 媒体に記録されたデータを読み出す際の技術として，「光ピックアップ」があります．

P 社の光ディスクのスポット径の特許は，図 3.33 に示すように，光スポット V_1 の径 d がトラック 2 の幅より広く，かつトラック幅とトラック間のギャップ（3）の和より小さいことを特許請求の範囲としています[3)]．

トラックに記録された情報を確実に，かつ隣のトラックの情報に影響されない光ピックアップを実現しようとすると，必然的にこの特許を使わざるを得ま

1）特公昭 40-004260，森口嘉郎，1962.11 出願．

2）筆者（小川）は苦労の末に米国で公知例を見つけ，裁判で無効にしました（5.2 節末のコラム「特許対策 5％ルール」参照）．

3）特公昭 53-030453，ボウイス，G. ほか，1973.8 出願．

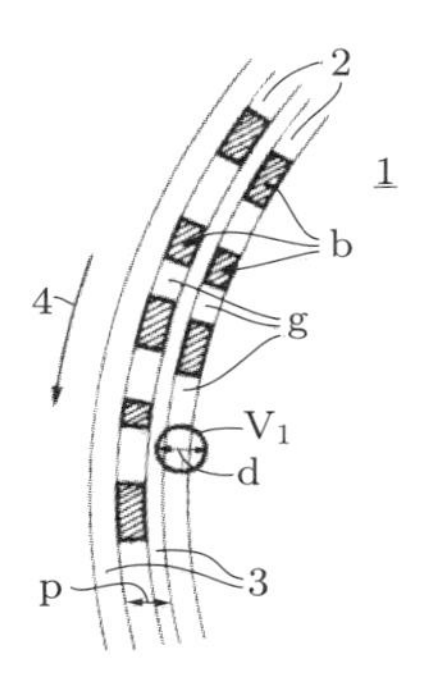

図 3.33　スポット径技術

せん．これに関連した製品を開発する他社は，必ずこの特許を使用するわけです．この特許をもつオランダのＰ社は，世界で最初にCD技術を開発した企業です．このような必然的な技術に的を絞った特許は戦略特許として非常に有効です．

3.3.4　他の実施を検証できるかを検討する

特許は独占権といわれますが，独占するためには他の実施を確認し，そのうえでその実施を排除するなり，何らかの対策をとる必要があります．それらの対策の出発点として重要なことは，「他の実施を検証できる」内容の特許になっていることです．

(1)【失敗例】高圧ガラスダイオード

テレビジョン受像機の高圧電源回路には，高耐圧，小電流の特性を有する高圧ダイオードが使用されます．

図3.34(a)は，従来の高圧ダイオードです．pn接合を有するシリコンペレット(1a)をアルミニウムろう材(4)によって複数個直列に接着して構成されます．整流単位体(1)の両端には，外部リード線(3)に接続されたモリブデン電極(2)が取り付けられます．従来の装置では，整流単位体となじみ性の良いシリコンゴム(5)が内部に被覆され，その外部にエポキシ樹脂からなる補強部材(6)が被覆されていました．このような構造では，シリコンゴム(5)

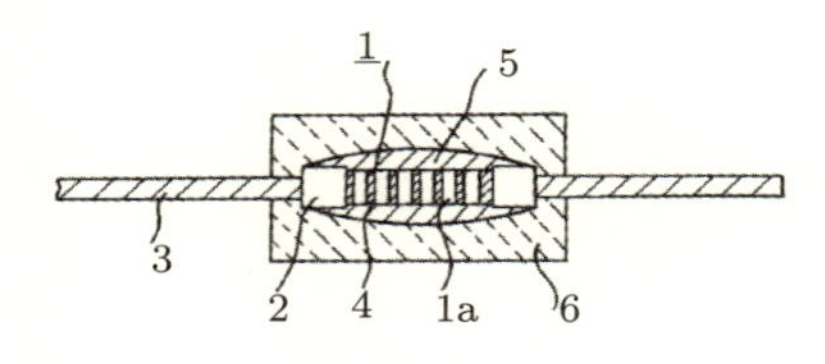

（a）樹脂被覆ダイオード

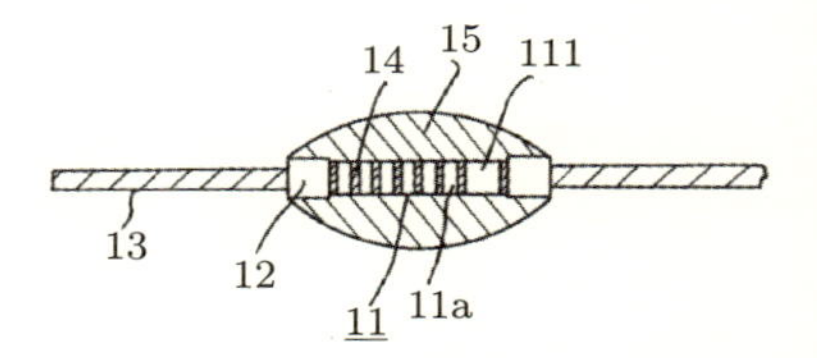

（b）ガラス被覆ダイオード

図 3.34 高圧ダイオード

と電極(2)の接着力が弱く剥がれやすい，シリコンゴム(5)とエポキシ樹脂(6)の熱膨張係数が異なるため，硬化の際に両者境界面に空間ができやすく沿面放電を生じやすい，火災の心配がある，などの問題がありました．図(b)は，それらの問題を克服した高圧ガラスダイオードの特許発明です[1)]．整流単位体としては，必要に応じて，高不純物濃度のシリコン部材からなるスペーサ(111)が設けられたこと以外は従来の整流単位体と同じです．この発明では，整流単位体(11)の沿面に露出するpn接合を安定化させると同時に，機械的強度を付与するガラス部材(15)を用いて被覆しています．アルミニウムろう材の熱膨張係数はシリコンのそれの約10倍ですが，シリコンペレット厚さ，ろう材厚さのそれぞれの厚さを調整して，整流単位体の見かけ上の熱膨張係数をガラス体のそれに近似させれば，ガラス固化時にガラス部材には引っ張り応力を，整流単位体には圧縮応力をはたらかせることができ，シリコンペレットの密着性をはかることができます．

この発明の特許請求の範囲には，「……前記半導体ペレットの厚みの和と前記ろう材の厚みの和との比を調整し，前記整流単位体の熱膨張係数を前記ガラス部材のそれと等しくするか又はそれより小さくした……」という要件が入っています．本発明を用いた製品は世界トップシェアを獲得し，海外にライセンス供与もしましたが，数年後に国内で類似のガラスダイオードが現れました．侵害申し入れを行いましたが，特許を使用していないという回答でした．このため，侵害していると思われる製品を検査したところ，ガラスの熱膨張係数は熱履歴特性のため，製品から真値を測定することが当時の技術ではきわめて困

1）特公昭 51-016264，鈴木建介ほか，1971.10 出願．

難であることが判明しました.「等しくするかまたはそれより小さくする」という要件の検証がきわめて困難だったのです. 検証できなければ, 訴えることもできません. 検証が困難であることを事前に確認していれば, さらに検討を重ね, 切り口を他の顕現性のある特徴に変えた発明に仕立てたり (たとえば, ガラスを電極間にまたがって被覆して強度を与える構成とする条件を明記する), 熱膨張係数はほぼ等しいという数値範囲を要件とするなどの工夫ができたと思われます.

特許は独占権ですので, 特許請求の範囲のすべての要件は, それが検証できるかどうか, 確認することが大切です. 明細書の中で, 検証方法 (測定方法) を説明しておくことが必要な場合もあります.

なお, 製造ノウハウやコンピュータのプログラム内部のアルゴリズムや制御シーケンスなどに関する発明は, 他者の実施を検証することがきわめて困難な場合があります. 検証できる切り口をもった発明に仕立てることが難しければ, 特許出願せずに, ノウハウ (第1章の章末参照) として管理するのも一つの方法です.

演習問題—新しい効果を抽出する

つぎの発明の新しい効果を抽出してみましょう.

演習 3.1 発明はどこにあるか：金属製の灰皿

3.1.1 項で例として挙げた金属製の灰皿について,「おきタバコをしても自然に火が消える」以外の効果を列挙し, それはなぜかを書き出してみてください.

表 3.1

効果	なぜか	灰皿特有か
軽い	比重が小さい	No
火が消える	熱伝導率が高く, タバコの温度が下がる	Yes

演習 3.2　発明はどこにあるか：六角形の鉛筆

断面が丸い鉛筆があったときに，六角形断面の鉛筆を考えました．これを特許に仕立ててください．演習 3.1 と同じように，効果，なぜか，鉛筆特有かを考え，表に列挙してみてください．

表 3.2

効果	なぜか	鉛筆特有か

演習 3.3　一見あたり前のアイデアを特許化できるか：中央二分割の掃除機

図 3.35 に示すような中央二分割の掃除機があります．図（a）は従来例であり，図（b）はそれを受けて新しく案出された本発明です．中央二分割にした構成や集塵ケースを開けてごみ捨てをするときに，新しい効果が生まれているでしょうか．

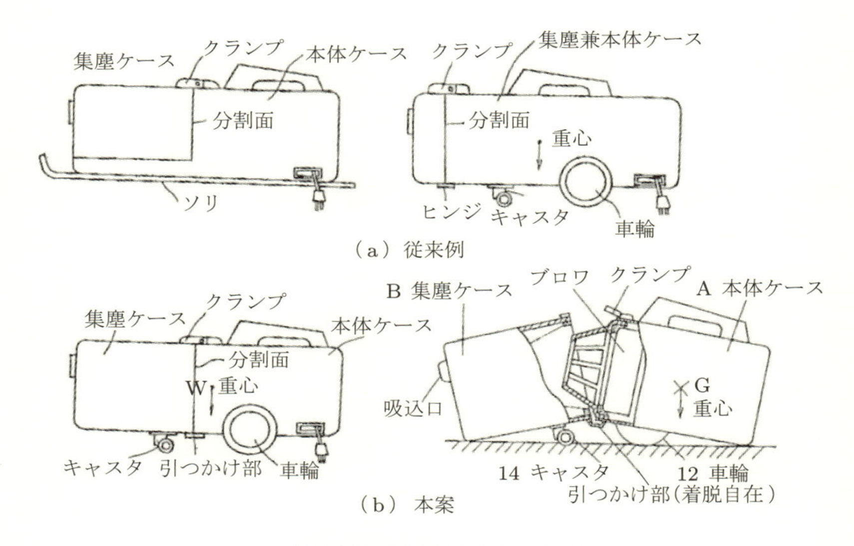

図 3.35　掃除機の中央二分割

金属製灰皿や六角形の鉛筆の説明を参考にして，できるだけ多くの観点から検討して表3.3を埋めてみてください．

表3.3　中央二分割掃除機の演習

効果	なぜか	掃除機特有か
金型が安くなる	主体とダストケース両方が短くなる	No

その分野特有の新しい効果があれば特許になるか

さきに説明したように，特許出願の拒絶理由の9割以上を占めるのが，「引用公知例，またはそれと他の公知例の組み合わせから当業者が容易に発明できたもの（特許法第29条第2項）」という非容易性が関係するものです．

ただし，この「当業者が容易に発明できるかどうか」の判断は，客観的な尺度がなく非常に難しい問題です．第2章，第3章で取り上げた世界的にも有名な特許事例も，あとで考えれば，すべて当業者が容易にできた発明とされるでしょう．しかし，条文に，「特許出願前」と明記されているように，特許出願の発明内容を見て「なんだ，そんなことか」と特許出願内容の助けを借りて後知恵で判断するのは法文上，禁じられています．

筆者（小川）も一委員として検討に参加した特許庁審判部「進歩性検討会報告書」（2007）には，進歩性（非容易性）の判断手順の例として図3.36が掲載されています（一部簡単化して図示）．図のように，まず本願発明を認定し（原則として特許請求の範囲），引用発明を認定し，両者の一致点・相違点を認定します．相違点の検討では，その相違点にかかわる構成が他の証拠（引用例）に示されているかどうかを判断します．

Yesであれば，構成の組み合わせ，転用，置換が容易であるかどうかを，つぎの点に留意して総合的に判断します．

① 技術分野の関連性
② 課題の共通性
③ 作用，機能の共通性
④ 内容中の示唆

構成の組み合わせ，転用，置換が容易でないと判断されれば進歩性ありとなります．組み合わせを阻害する要因があれば容易でない理由となります．また，

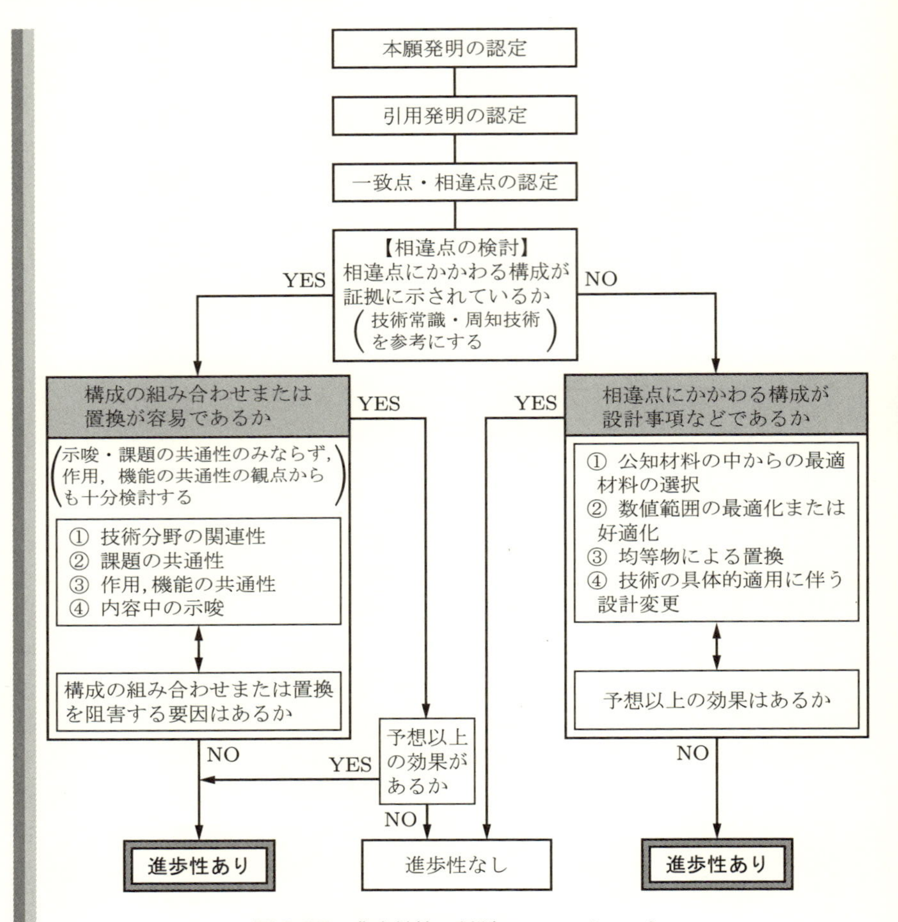

図 3.36　非容易性の判断のフローチャート

予想以上の効果があれば進歩性ありとなります．

No であれば，相違点にかかわる構成が設計事項などであるかどうかなど，つぎの点を検討します．

① 公知材料の中からの最適材料の選択にすぎないか

② 数値範囲の最適化または好適化にすぎないか

③ 均等物による置換にすぎないか

④ 技術の具体的適用に伴う設計変更にすぎないか

いずれの場合も，予想以上の効果があれば進歩性があると判断されます．

予想以上の効果または顕著な効果があれば，進歩性があるまたはある確率が高いと判断される手順となっていますが，その効果が「予想以上かまたは顕著か」どうかにも，客観的な尺度はありません．

いままでだれも気づかなかった「その分野特有の新しい効果」が実現できているときは新しい課題の発見であり，その解決でもあるので，「予想外または顕著な効果が生まれている」または「新しい課題の解決である」と判断され，非容易性が認められる確率が高いということができるでしょう．知的財産高等裁判所の判決にもその傾向がうかがわれます[1]．

1）平成17年（行ケ）第10153号，平成20年（行ケ）第10153号，平成21年（行ケ）第10412号，平成22年（行ケ）第10075号，平成22年（行ケ）第10351号など．

第4章 特許請求の範囲を最大化するテクニック ～発明の精選と拡張～

すでに説明したように，出願書類の特許請求の範囲のまとめかたが，特許の有効性を左右します．特許をより有効にするには，特許請求の範囲をより広く，より明確にまとめることが基本です．本章では，この特許請求の範囲のまとめ方について説明します．演習問題も用意したので，発明者になった気持ちで取り組んでみてください．

4.1 特許請求の範囲を決めるポイント

いかに優れた特許であっても，書類の記載の仕方によっては，その価値がゼロになることがあります．たとえば，特許請求の範囲が限定的なため，少しの変更でその特許を回避できてしまう場合などです．一方で，特許請求の範囲を広げすぎれば，公知例によって簡単に拒絶査定になるか潰されてしまうといった問題もあります．このため，特許請求の範囲は価値を最大化するところに適切に設定する必要があります．ここでは，特許請求の範囲の決め方を例を交えて説明していきます．

4.1.1 権利の広さと特許の成立性

特許請求の範囲は，2.3.3 項（3）「多項出願の利用」でも述べましたが，広くすれば特許化の可能性は低くなり，狭くすれば特許化の可能性は高くなります．これは，関係する公知例の多さからわかると思います．ただし，広い範囲をカバーしなければ，特許としての有効性は低くなるので，できる限り広い特許請求の範囲になるようまとめます．そのときに使うのが，表 4.1 の**技術比較表**です．技術比較表は，横軸に製品を，縦軸に特許請求の範囲の構成要件を並べ，要件を含んでいれば○，含んでいなければ×を書き込んでいき，製品や技術が特許請求の範囲に含まれるかどうかを判断するときに使います．

表 4.1 技術比較表

構成要件	製品 A	製品 B	製品 C	製品 D
要件 1	○	○	○	○
要件 2	×	○	×	○
要件 3	○	○	○	○
要件 4	×	×	○	×

ここでは，椅子を例にして特許請求の範囲を検討してみましょう．

図 4.1 に示す，形態の異なる 4 種類の椅子があったとします．それぞれの椅子を表現すると，

製品 A：座部と，座部に設けた足を備えた椅子

製品 B：座部と，座部に設けた足と，座部の後方に設けた背もたれを備えた椅子

製品 C：座部と，座部の後方に設けた背もたれと，座部に設けた足と，足に設けたキャスターを備えた椅子

製品 D：柔らかい材質からなる座部と，座部に設けた足と，座部の後方に設けた背もたれを備えた椅子

となります．これらの椅子の構成要件としては，「座部」「座部の後方に設けた背もたれ」「座部の下部に設けた足」「足に設けたキャスター」があります．これらをふまえて作成した技術比較表が表 4.2 です．比較項目に一つでも×があれば，その技術的範囲には含まれなくなります．この例でいえば，表からわかるように，構成要件「座部」は，製品 D には「座部の材質が柔らかい」という特徴があるものの，すべての椅子に座部はあるので，製品 A ～ D すべての

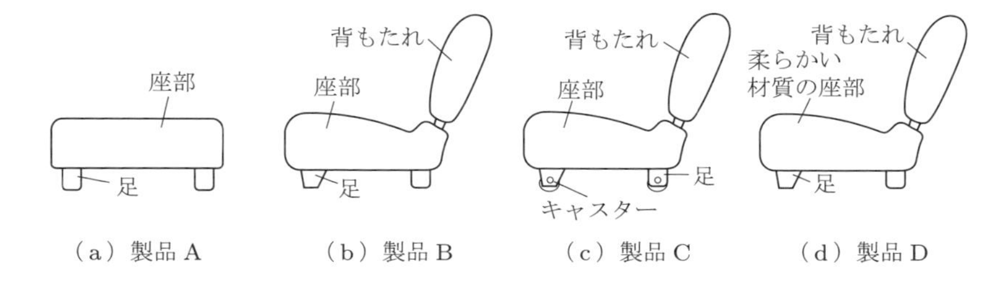

図 4.1 椅子の例

表 4.2　椅子の技術比較表

構成要件	製品 A	製品 B	製品 C	製品 D
座部	○	○	○	○
座部の後方に設けた背もたれ	×	○	○	○
座部の下部に設けた足	○	○	○	○
足に設けたキャスター	×	×	○	×

椅子で満たされています.「座部の下部に設けた足」についても，製品 C はキャスターを備えていますが足はあるので，すべての椅子で満たされています.「座部の後方に設けた背もたれ」については，製品 A 以外は満たされています.「足に設けたキャスター」については，キャスターが製品 C にしかないので，製品 C のみとなります.

表 4.2 をもとに，それぞれの椅子の表現がどの椅子を技術的範囲に含むかを示したのが表 4.3 です.

表 4.3　各種椅子の表現に含まれる椅子の種別

椅子の表現		ほかに含まれる椅子	技術的範囲
A	座部と，座部に設けた足を備えた椅子	B　C　D	広い
B	座部と，座部に設けた足と，座部の後方に設けた背もたれを備えた椅子	C　D	中位
C	座部と，座部の後方に設けた背もたれと，座部に設けた足と，足に設けたキャスターを備えた椅子	—	狭い
D	柔らかい材質からなる座部と，座部に設けた足と，座部の後方に設けた背もたれを備えた椅子	—	狭い

「座部」と「足」はすべての椅子に備わっているので，製品 A のように表現すると製品 B，C，D すべてを含みます．これを特許請求の範囲として記述すれば，もっとも広い技術的範囲となります．一方，製品 C の表現では構成要件として「座部」「背もたれ」「足」そして「キャスター」を掲げているため，「背もたれ」と「キャスター」がない製品 A，「キャスター」がない製品 B，D が技術的範囲に入らず，この表現では，製品 A ～ D の 4 種類の椅子があっても，含まれるのは製品 C のみです.

このように，構成要件をすべて満足するものが技術的範囲となります．これを**全構成要件充足の原則**といいます．このため，特許請求の範囲は，発明を構成する必要最小限の構成要件の記載に留めることが基本です．

また，構成要件の数が同じでも，構成要件の内容を限定する形容詞（修飾語）を付加すると範囲が狭くなるので注意が必要です．たとえば，さきほどの椅子の例でいえば，Dのように「柔らかい材質からなる座部」と表現すれば，「木製の座部」で構成される椅子は含まれなくなってしまいます．ただし，範囲を広げると，あてはまる公知例が増えます．これによって，特許化が難しくなる面もあるので，その点も注意が必要です．

つぎに，前述の芝刈機（3.2.1項(5)参照）やメモリ素子の構成要件の表現の広さについて検討してみましょう．

まず，図3.12に示した芝刈機の部品である「引っ張りばね」について考えます．引っ張りばねは，圧縮ばねや板ばねでも置き換えることができます．そこで，単に「ばね」と表現すれば，それらのばねすべてが含まれ，範囲を広げることになります．さらに，「ばね」は，ばね以外のゴムや磁石でも代用できるので，「ばね」の機能である，車軸を溝に保持するために設けられているもの，「車軸保持部材」とすれば，ばね以外の部材も含めることができるようになり，技術的範囲がさらに広がります．

パソコンなどで使う電子データはメモリ素子に保存されます．メモリ素子としてよく使われるのが，USBメモリです．USBメモリは半導体を使った記憶媒体ですが，半導体を使ったものとしては，SDメモリなどもあり，総称して半導体記憶媒体といいます．また，半導体を使ったもの以外にも，CDや

表4.4　構成要件の表現とその広さの関係

	狭い　←　構成要件の表現の広さ　→　広い		
	実施例レベル	中位概念	上位概念
椅子	スポンジ座部	弾性座部	座部
椅子	キャスター付き足	支持足	支持部材
芝刈機	引っ張りばね	ばね	車軸保持部材
メモリ素子	USBメモリ	半導体記憶媒体	記憶媒体

DVDなどの光記憶媒体もあります．これらを総称して記憶媒体といいます．この説明からわかるように，USBメモリ，半導体記憶媒体，記憶媒体の順に範囲が広がります．このように，実施例レベルから中位概念，上位概念と考えていく方法を上位概念化といいます．表現の広さについて表4.4にまとめます．

4.1.2　発明の精選と拡張

前項で，椅子の具体例をもとに検討した特許請求の範囲の広さについてまとめると，つぎのようになります．

① 構成要件の数が少なければ少ないほど，技術的範囲は広くなる．

② 各構成要件を上位概念で表現すればするほど，技術的範囲は広くなる．

しかし，特許請求の範囲が広くなればなるほど，その範囲に含まれる公知例は多くなり，特許になる可能性は低くなります．

そこで，技術的範囲はできるだけ広くしつつ，特許になる可能性を確保する，特許請求の範囲のまとめ方が重要になります．それを実現する方法が，ここで説明する発明の精選と拡張です．

発明の精選段階では，枝葉をとり除き，発明の根幹である技術的意義を明らかにします．発明は新規のある目的（効果の裏返しです）を達成する技術的手段なので，実施例においてなぜその効果が生まれているのかを究明すれば，その技術手段の機能（はたらき）を明らかにすることができます．少なくとも3回は「なぜ」を繰り返して，発明の本質に迫りましょう．

発明の拡張段階では，精選段階で得られた本質的な機能（はたらき）をする代案や変形例を検討します．公知例と区別できるかどうかを念頭におきながら，実施例，代案，変形例を総合的にまとめ，発明の骨子となる機能（はたらき）を達成する構成要件を決定します．

発明の技術的意義は目的，構成，効果から説明することができるので，発明の精選と拡張の手法としても，構成の違いからのアプローチ，目的からスタートする発明者の立場からのアプローチ，効果からスタートする知財担当者の立場からのアプローチがあります．それぞれのアプローチには使い方に特徴があります．以下に説明します．

（1）　構成の違いからのアプローチ

特許請求の範囲には，発明を特定する構成要件を記載しなければなりません．したがって，公知例との差がどこにあるかを見るときには，構成の差がどこにあるかを最初に検討することになります．

図 4.2 に構成の違いからのアプローチのフローチャートを示します．まず，実施例に基づいて発明内容を理解します．つぎに，出願前の調査で発見されたもっとも近い公知例およびそれらの組み合わせと，発明内容（実施例）を比較検討し，公知例にない構成の差を抽出します．このとき，重要性にとらわれず，小さいことでもかまわないので考えられる限り多くの構成の差を抽出します．そして，抽出した構成の差について，一つひとつ，その分野特有の新しい効果

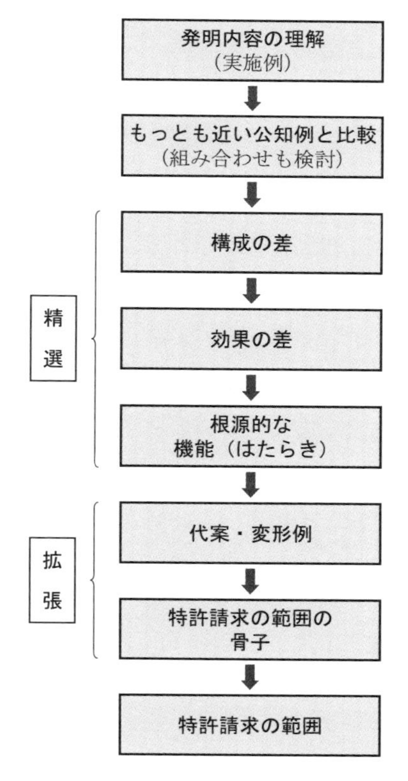

図 4.2　構成の違いからのアプローチのフローチャート

が生まれているかどうかを詳細に検討します．もし生まれていれば，その効果をもたらしている機能（はたらき）を究明します（精選）．ここでは，その機能が公知例にはないことを確認しましょう．そのあとに，その機能（はたらき）を達成する代案や変形例を検討します（拡張）．実施例や代案や変形例を総合的にとりまとめ，公知例にない「その分野特有の新しい効果」を達成する機能（はたらき）を有する構成を特許請求の範囲の骨子とします．この骨子にその他の公知の必要な前提要件を組み合せて特許請求の範囲を作成します．根源的な機能（はたらき）が明らかになると，代案・変形例の検討が容易になります．

抽出した構成の差は多くの場合，複数あるので，それぞれについて，検討します．

また，その効果がなぜ生じているか，少なくとも３回は「なぜ」を繰り返し，検討を重ねましょう．これによって，所期の効果を生むための必要かつ十分な条件が究明できることになり，発明の真の技術的意義が明確になります．場合によっては，当初予期していなかった新しい技術思想がそこに横たわっていることが判明したり，さらに追加のデータや実験が必要になったりします．

以上の検討は，特許請求の範囲に一つでも「その分野特有の新しい効果」があれば「非容易性」の主張は可能であるという考えに基づいています．特許化の可能性をさらに高める必要があるときには，一つだけでなく複数の「その分野特有の新しい効果」に対応する機能を究明して，その機能を達成する構成を骨子とする特許請求の範囲も準備します．

特許出願後に，予期していなかった公知例によって，特許庁から拒絶理由の通知が届くことがあります．検討の結果，公知例と発明の実施例に構成の差のあることが判明した場合は，明細書中に記載または示唆されている効果の差を究明し，上記のアプローチで発明を再把握して，精選と拡張をし，特許請求の範囲を補正します．一見すると公知例との差がないように見えるときでも，その分野特有の新しい効果をなんとか見つけ出し，それを主張して特許化を目指します．

化学や材料に関する発明の場合，主張する効果の差のデータの開示が明細書に記載されていなければ，その主張は「もとの明細書に記載がない」という理由から反論が困難となります．その意味からも出願前に近い公知例を把握し，あらかじめ構成の差，効果の差を多面的に抽出し，それを記載しておくことが重要です．特許出願前に，発明を実施した試作品などがある場合は，その効果を含めて，明細書に詳細に実施品を記載しておくことが出願後の補正や分割に役立ちます．

このような精選と拡張によって作成された特許請求の範囲は，発明の機能（はたらき）に注目して作成されたものなので，機能的な構成要件を含みます．このため，明細書の中では，その機能（はたらき）を達成する代案・変形例の説明を詳細に説明する必要があります．

また，多項出願のところで説明したように，発明の最適な実施例（本丸），実用性の高い構成（内堀），必然的な構成（外堀），基本的な構成（柵）に相当するそれぞれの効果を明細書に記載しておくことも重要です．

この検討によって得られた特許請求の範囲は，それぞれ別発明となります．あとで述べる発明の単一性や発明の重要性を考えて，多項出願とするか別出願とするかを検討します．

（2）　目的からスタートする発明者の立場からのアプローチ

研究や開発に従事する発明者のリーダーが中心となって，その他の発明者と知財担当者が協力して行う場合は，目的からスタートする発明者の立場からのアプローチも利用価値があります．このアプローチは，研究・開発の目的達成のために創出されるべき発明の漏れのない特許出願を実現するための方法です．

このアプローチのフローチャートを図 4.3 に示します．まず，研究・開発の目的を明確にし，つぎにその目的達成のために解決すべき課題を漏れなく列挙します．列挙した課題は解決状況を確認し，あわせて，自社，他社の特許出願状況を調べます．そして，もっとも近い公知例およびその組み合わせを調査し，それとの構成の差，効果の差の検討に入ります．それ以降は，（１）構成の違いからのアプローチの精選と拡張へ続きます．

目的からスタートすることで，開発段階ごとに，開発成果を漏れなく把握できます．一つ注意しておきたことは，同じ課題を達成するためのさまざまな手段を多面的に検討する習慣を身に付けておく必要があるということです．そうでないと，あとでライバルから提案される意外な代案が，特許請求の範囲に入っ

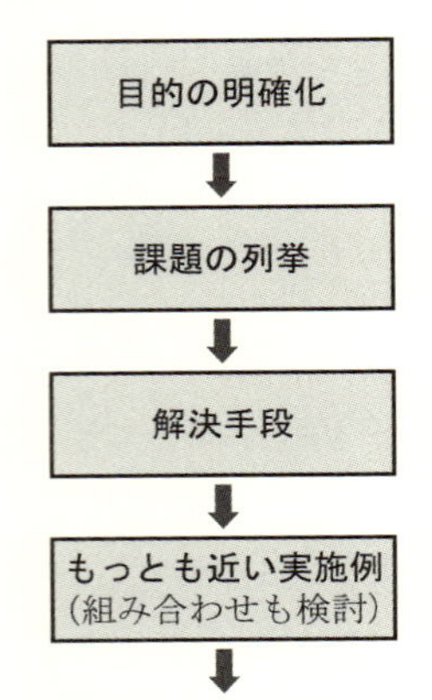

図 4.3 目的からスタートする発明者の立場からのアプローチのフローチャート

ておらず，悔しい思いをすることになります．

列挙した重要課題に対して，まだ解決手段が創出されていないときもあります．そのときには，チームを組んで，3.2.2 項で紹介したレメルソンの発明手法を取り入れて，机上検討や試験を実施して発明を創出します．

（３） 効果からスタートする知財担当者の立場からのアプローチ

「その分野特有の新しい効果」の有無が非容易性の判断の決め手になることは説明しました．これをふまえて，まず，もっとも近い公知例にない「その分野特有の新しい効果」に注目して，発明の実施例に内在する効果の発見に注力し，つぎに，「その分野特有の新しい効果」を達成するあらゆる手段を精選と拡張によってまとめあげるのが効果からスタートする知財担当者の立場からのアプローチです．開発目的に沿った発明創生プロセスに必ずしもとらわれる必要はありません．開発者の意図とは別の分野にまで検討領域を広げることができ，思いがけない切り口で「新しい効果」が抽出される場合も多いものです．知財担当者と発明者が共同して是非実践してもらいたい手法です．

このアプローチのフローチャートを図 4.4 に示します．まず，実施例に基づいて，発明内容を理解します．つぎに，効果の差を究明するため，発明の実施

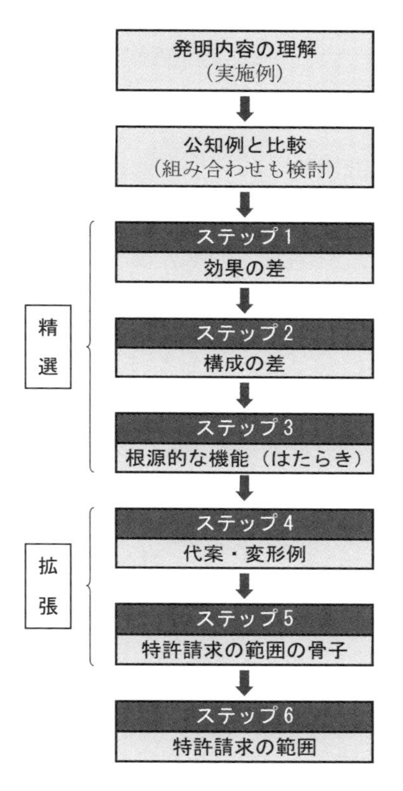

図 4.4　効果からスタートする特許担当者の立場からの
アプローチのフローチャート

例（できるだけ製品または試作品に近いものがよい）と公知例を比較し，発明の実施例の効果を細大もらさずに列挙します．そして，その効果のうちで，「その分野特有の新しい効果」といえるものを選択します．多くの場合，複数の「その分野特有の新しい効果」があるでしょう．まずそのうちの一つの効果を取り上げ，その効果を達成する構成を見極め，なぜその効果が達成されているのか，機能（はたらき）を究明します（精選）．そのつぎに，代案や変形例を検討し（拡張），特許請求の範囲の骨子を決め，特許請求の範囲を作成します．手順は「構成の違いからのアプローチ」と同様です．

以下では，各段階におけるステップ（1 ～ 6）の詳細を説明します．

発明の精選段階

この段階では，「その分野特有の新しい効果」の有無と，その効果を達成するために必須な根源的な機能（はたらき）を究明します．

◆ステップ１　まず，公知例と比較し，創生した発明の実施例の効果を細大漏らさず列挙し，そのなかで「その分野特有の新しい効果」を探します．このとき，当初の発明の狙いに必ずしもとらわれる必要はありません．「効果」を多面的かつ詳細に検討し，思いつく限りの新しい効果を列挙します．そして，そのなかで，「その分野特有の新しい効果」を選別します．複数の「その分野特有の新しい効果」が当然出てきますので，それぞれを比べ，重要度の順位を決めます．

新しい効果はつぎの点を念頭において探します．

１．いろいろな切り口で探す

図 4.5 は円錐ですが，図（a）～（f）の異なる方向から眺めると，それぞれ異なる図形に見えます．このように，同じものも見方を変えると違って見えます．発明の実施例についても同様で，いろいろな切り口から見ると，いろいろなところに効果があることがわかります．公知例と比較して，いろいろな切り口から検討し，「その分野特有の新しい効果」を見つけ出しましょう．

円錐を発明したとして，具体的に考えてみましょう．そのとき，たとえば，表 4.5 に示すように，円柱が公知例ならば，それとの差を主張す

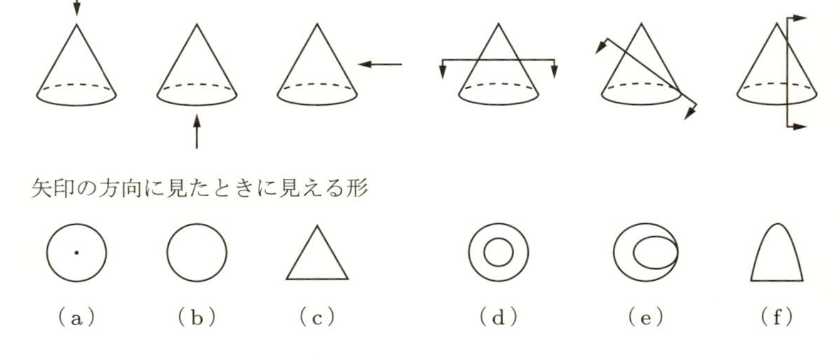

図 4.5　円錐といろいろな断面図形

表 4.5 「円錐」発明の精選と拡張

発明品	公知例	切り口	効果	なぜ	含める変形例
円錐	円柱	側面	安定（重心が低い）	低い重心のため	三角錐 円錐台
	三角錐	底面	回転切削可	断面円形のため	円筒 円錐台 円柱

るときは，切り口は側面で，それは三角形であり，重心が低いので，転倒せず安定であるという新しい効果を主張します．代案・変形例としては三角錐や円錐台などがあります．一方，三角錐が公知例であれば，それとの差をいうときは，たとえば，切り口は平面で，それは円形であり，回転切削可能であるという新しい効果を主張します．代案・変形例としては円筒や円錐台や円柱などがあるでしょう．

2. 多面的に探す

図 3.3 に，多面的に検討するときに切り口を示しました．発明の基礎となる技術，また応用となる製品の優位性など，発明をいろいろな角度から評価し，新しい効果を探します．ここでも，漏れなく，だぶりなく検討する MECE（p. 52 参照）などの手法を利用するとよいでしょう．

原価（コスト）も立派な一面ですが，原価低減は当然の要請であるため，これのみで「特有の新しい効果」を主張するのは，注意が必要です[1)]．

◆ステップ 2 選んだ一つの効果を達成している構成の差を抽出します．

◆ステップ 3 抽出した構成の差に注目し，「なぜ」を何回も繰り返して，その差の機能（はたらき）を探します．これが発明の技術的意義を達成する根源となる機能（はたらき）となります．

ここまでが発明の精選です．

1)〈判例〉平成 17 年（行ケ）第 10198 号審決取消請求事件にて，「部材が安価であるかどうかは，発明を実施して製品化する場合に考慮されるべき事項であり，技術思想である発明の容易想到性の判断において考慮すべき事項ではない」との判断があります．

発明の拡張段階

◆**ステップ４**　抽出したはたらき（根源的な機能）に基づいて，一実施例のほかに代案・変形例がないかを検討します．具体的には，材料や手段を変える，サイズを変える，順序を入れ替える，結合・分離を考える，などをして，根源的な機能が達成されることを検討します．

◆**ステップ５**　代案・変形例も含めた共通な「基本的なはたらき」を探します．基本的なはたらきを達成する構成要件が特許請求の範囲の骨子となる特定事項になります．

最後の考察

◆**ステップ６**　ステップ５で得られた骨子に，必要な公知の要件を組み合わせて特許請求の範囲を作成します．

ステップ１で見つかったすべての効果について，上記ステップ１〜６を行います．

すべての効果について特許請求の範囲を作成したら，「新しい効果」どうしの技術的なつながりを調べます．技術的なつながりがない場合には，それぞれの効果を別々に出願します．また，つながりがある場合は，多項出願としてそれらを一つの出願にまとめます（演習 4.4 の解答参照）．

この手法を実践することによって，漏れのない広い技術的範囲の特許を取得することが可能になります．発明の精選と拡張は，ライバルに「その分野特有の効果」を真似させないためのテクニックです．拡張段階で出てくる変形例で特徴のあるものの中には，別に出願する価値のあるものもあるでしょう．その場合は，費用と効果を考えて別出願の要否を検討します．

それでは第３章で例とした金属製の灰皿を例にして実際に考えてみましょう．

●**金属性の灰皿【図 4.6 および演習 3.1 の図 3.2 参照】**

新しい効果１：タバコの火が自然に消えて安全である．

◆**ステップ１**　金属板で灰皿を製作したところ，タバコの火が自然に消え，

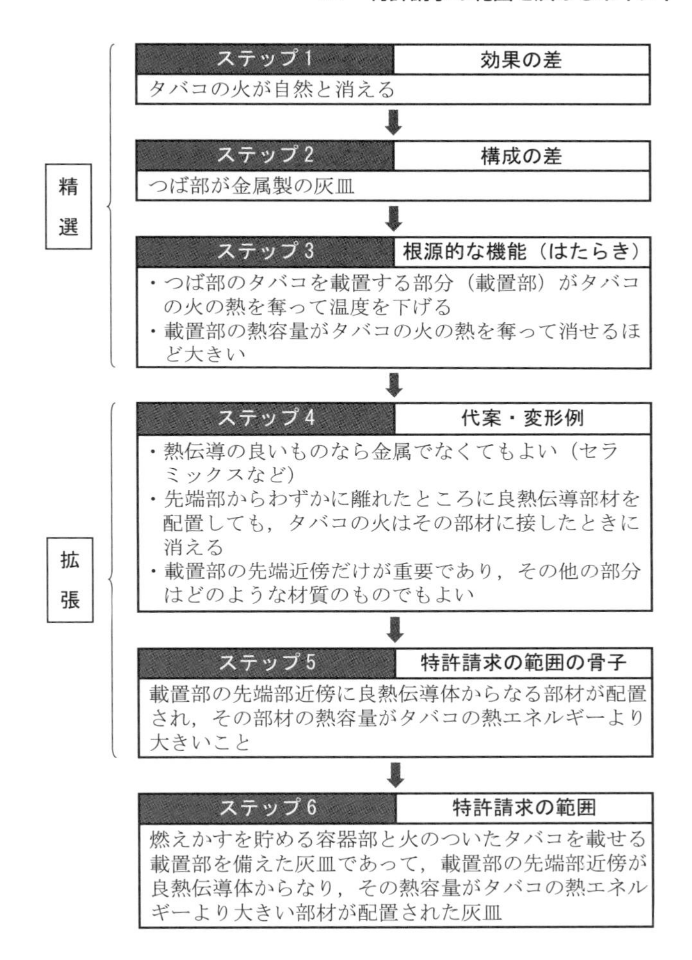

図 4.6 灰皿（1） タバコの火が消える

火のついたタバコが転がって火災が発生するのを未然に防ぐことがわかりました．この効果は従来例の陶器製の灰皿や金属製の鍋にはない灰皿分野特有の新しい効果です．そこで，金属製の灰皿で「タバコの火が自然に消える」特許を取ろうと試みます．

◆ステップ２　その要因は「金属板製のつば部」にあることがわかります．

◆ステップ３　「タバコの火がつば部のタバコを載置する部分（載置部）に

触れると火の熱を奪って温度を下げている」ことがわかりました．また、「載置部の熱容量がタバコの火の熱を奪って消せるほど大きい」こともわかりました．そこで，この「はたらき」と同じはたらきをする代案や応用例がないかを検討します．

◆ステップ４　熱伝導率と熱容量の観点から考察すると，金属はプレス加工板だけでなく鋳物製であっても良いことになります．さらに金属に限らず，熱伝導率の高いセラミックスでも良いことがわかりました[1)]．先端部からわずかに離れたところに良熱伝導部材を配置した場合でも，タバコの火がその部材に接すると火が消えることもわかりました．また，載置部の先端近傍だけが火が消えるために重要であり，その他の部分はつば部も含めてどのような材質のものでもよいことがわかりました．

◆ステップ５　そこで発明としては，鋳物製やセラミックス製を含む概念で「タバコの火の熱エネルギーよりも熱容量が大きく，良熱伝導体の載置部を備えた灰皿」としてとらえることができます．また，「火が消える」作用に関係しているのは，タバコの載置先端部の近傍です．特許請求の範囲の骨子としては，「載置部の先端部近傍に良熱伝導体からなり，その熱容量がタバコの熱エネルギーより大きい部材を配置する」となります．

◆ステップ６　ステップ５で得られた特許請求の範囲の骨子に，前提となる構成要件（多くの場合，公知のものです）を組み合せて特許請求の範囲をまとめます．当初考えられていた金属板製の灰皿にとどまらず，鋳物製やセラミック製の灰皿や載置部の先端部またはその近傍だけを金属製にして，その他の容器部などは難燃性プラスチック製や木製にする灰皿を包含する広い範囲で特許出願できることがわかりました．

これで精選と拡張が完了です．特許請求の範囲はつぎのようになります．

〈例〉 請求項１：燃えかすを貯める容器部と火のついたタバコを載せる載置部を備えた灰皿であって，前記載置部の内側端部近傍にタバコの火の熱

1）アルマイトのように熱容量が小さいものでは，つば部そのものがタバコの火によって温度上昇してしまい火は消えません．陶器に比べ金属の熱伝導率は大きく，鋳鉄は40倍，真ちゅうは60倍，鋼は50倍，銅は200倍以上です（理科年表）．陶器に比べて数十倍以上の熱伝導率を有する部材であれば所期の目的は達成されます．

エネルギーよりも熱容量が大きく，かつ良熱伝導体で構成された部材が配置された灰皿.

実験の様子を図 4.7 に示します．実際は図(b)のように，つば部に接しているタバコの下部の部分が最初に消え，続いてタバコの上部も温度が下がって消えていきます.

（a）タバコの火が消える前

（b）タバコの火が消えた後

図 4.7 タバコの火が消える様子

新しい効果 2：積み重ねることができ，収納が容易である．（別出願の例：図 4.8 参照）

◆ステップ 1　金属板製の積み重ねられる灰皿をつくります.

◆ステップ 2　積み重ねられる要因は「上部円形開口部の径が底部の径よりも大きな円筒形の灰皿」になっていることです.

◆ステップ 3　積み重ねられる基本的なはたらきは「上部開口部と底部が相似形であり，上部開口部の周辺部が底部より周壁の厚さ分以上に大きい」ことであることがわかります.

◆ステップ 4　この発明は材料や形状には特徴がないことに気がつきます．したがって，代案・変形例として，難燃性プラスチックや陶磁器製，さらに，角形や楕円形状の灰皿にも適用されうることが容易に理解できます.

◆ステップ 5　以上の検討結果から，特許請求の範囲の骨子は「上部開口部と底部が相似形であり，上部開口部の周辺部が底部より周壁の断面厚さ分以上に大きい」となります.

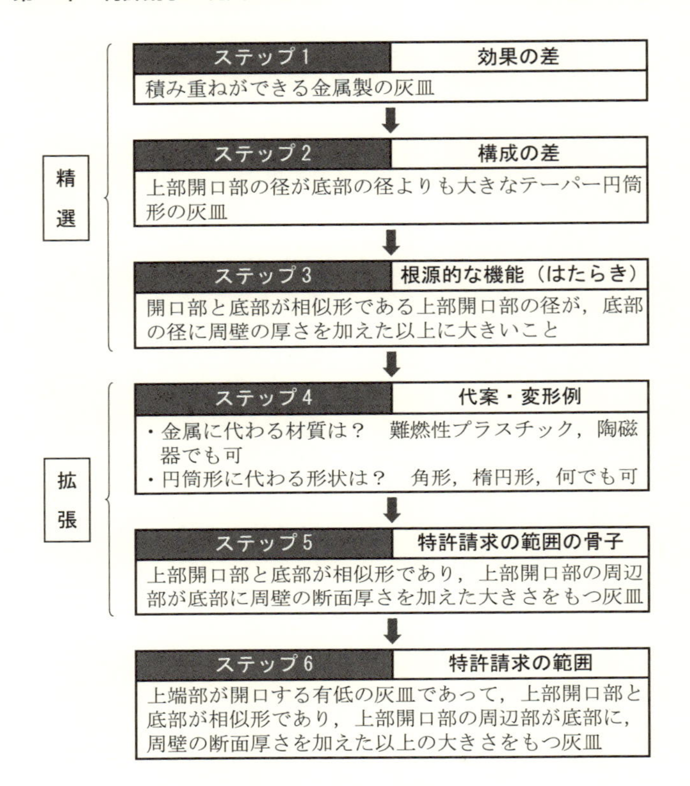

図 4.8　灰皿（２）　積み重ねができる

◆ステップ６　　ステップ５の特許請求の範囲の骨子に，前提となる構成要件を組み合わせて，つぎのように，特許請求の範囲をまとめることができました．

〈例〉 請求項１：上端部が開口する有底の灰皿において，上部開口部と底部が相似形であり，上部開口部の周辺部が底部より周壁の断面厚さを加えた以上の大きさをもつ灰皿．

なお，ここで検討した新しい効果１と２は，目的や構成がまったく異なり，技術的なつながりがないので，別出願とするのがよいでしょう．

4.2 発明の補正と分割

特許を出願したあとに，新たな公知例が見つかったり，審査請求後の拒絶理由通知で審査官から思わぬ公知例の指摘を受けたりすることがあります．また，技術動向が変わることもあります．発明の適切な保護を図るには，こういった場合に，発明のブラッシュアップや再把握を行うことが重要です．重要な製品開発の場合，特許出願後のブラッシュアップがとくに重要になります．

検討にあたり考慮すべきことは，単に公知例だけでなく，自社の実施状況や他社の動静や顧客の反応も含めた市場動向，学会の発表会などで示される技術潮流などです．技術文献，新聞や雑誌，特許公報，公開特許公報などは情報源となります．

ブラッシュアップで大切なことは，特許性が主張でき，かつ技術的範囲が狭くならないようにすることです．つまり，補正や分割の手続きを有効に活用し，4.1.2 項で述べた精選と拡張を行い，発明の再把握を行います．

4.2.1 補　正

前述したように，明細書に記載のない事項を**補正**によって追加することは認められません．明細書の記載事項から当業者が常識的に読み取れない事項は，新規事項であるとして補正できる範囲外とされているからです．このため，明細書の記載内容の補正の自由度を出願時が 100%とすると，図 4.9 に示すように，出願後，審査が進むにつれて補正の自由度は狭まっていきます．そのため，出願前に，発明内容を十分吟味することが大切です．

試作や製品化をしてそれを明細書に盛り込めば，特許としての完成度は高まりますが，先願主義のもとでは他に出願を先んじられる心配があるため，時間をかけて完全を期してばかりはいられません．また，出願時に，あらゆる公知例を考慮し，さらに将来の技術動向も見越して，明細書または図面（以下，単に明細書といいます）を完全に記載することは至難の業です．

そこで，出願時の明細書は，出願後に補正や分割を行うことを前提にしてまとめるとよいでしょう．たとえば，できるだけ実施例や代案・変形例を具体的に，数多く詳細に，上位概念だけでなく，幾段階かの中間概念を含めて多面的

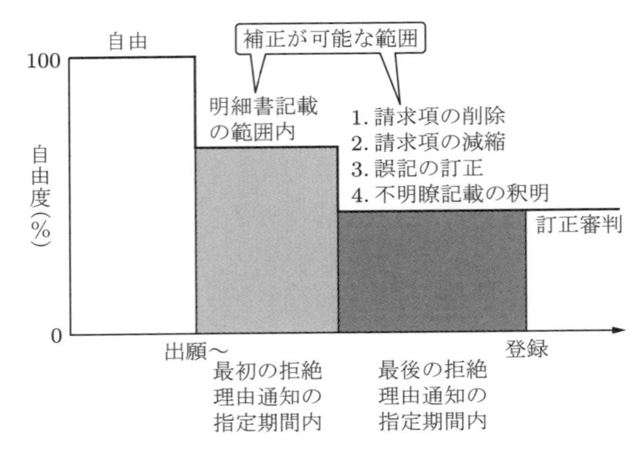

図 4.9　補正の自由度

に記載しておくなどの対策をとっておくわけです．発明の実施例の効果や利点も，実施例ごとに詳細に記載しておくと，補正や意見書の根拠として利用できます．

補正を考慮した明細書作成上の留意事項

出願にあたっては，すでに説明したように，精一杯広い特許請求の範囲にするのが一般的です．しかし，予想外の公知例 A，B，C，D が出願後に発見され，基本的な構成のみならず，必然的な構成も破られてしまう場合があります．そのような事態に対処するため，広さが段階的に異なる多項の特許請求の範囲を出願時に作成しておくと，後退しながらも所定範囲の特許請求の範囲で踏み止まることができます（2.3.3 項参照）．その際，各特許請求の範囲ごとに特有の効果を明細書の実施例の箇所で述べておくことが特許性の主張のために重要です．

4.2.2　分　割

前述したように，原出願の明細書に複数の発明が包含されているときは，明細書を補正できる期間内（2.1.3 項参照）に限り，出願の**分割**ができます．2007 年 4 月 1 日以降の出願については，特許査定または拒絶査定の謄本の送達日より 30 日以内，さらに 2009 年 4 月 1 日以降の出願については拒絶査定の場合に限り 3 ヶ月以内であれば分割ができます．分割出願では出願日の遡及があり，原出願日に出願されたとみなされます．

分割出願においても，補正の際と同じように，原明細書に記載されていない新規事項を追加することはできません．

出願後に，特許性のある別な発明の切り口が判明したときや，審査の結果，特許の請求項が発明の単一性の要件を満たしていないときに，分割出願して保護の万全を図ります．分割することによって，特許の価値が大幅に増したり，特許請求の範囲にあった穴を塞ぐことができます．

図 4.10 に出願分割の例を示します．図において，甲出願 $\frac{\mathrm{A}}{\mathrm{ABC}}$ は原出願で親出願といわれます．分子は特許請求の範囲，分母は明細書の記載内容を示しています．分割出願乙は子出願であり，甲出願後に明細書に記載されている B に特許性があり，権利化する価値があることが判明して甲出願の補正が可能な期間内に分割出願したものです．分割出願丙は甲特許が成立したとき，C にも特許性を見出し，分割の要否を検討し，30 日以内に出願したものです．

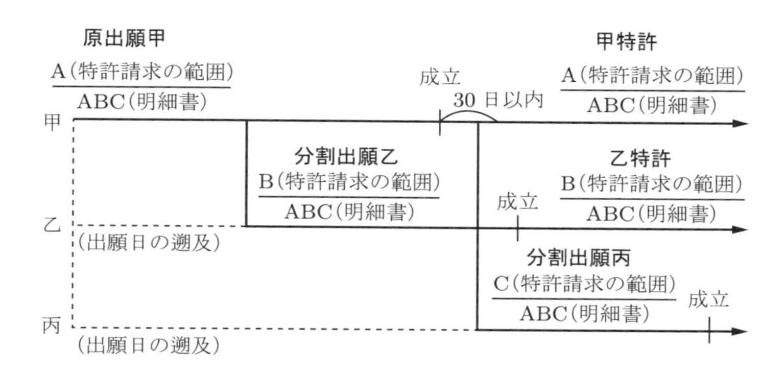

図 4.10　出願の分割

分割出願の具体例を図 4.1 の椅子を例にして説明しましょう．最初の出願甲の明細書・図面には製品 A，B，C，D の説明がありました．最初の出願甲は「座部 + 足」の特許請求の範囲で特許化を図りました．出願甲の審査請求時に検討し，背もたれの特徴も特許化に値すると考えて，特許請求の範囲「座部 + 背もたれ」の分割出願乙を出願しました（足がない座椅子も含む）．出願甲が特許になるとの通知を受けたので，さらに検討し，30 日以内に，特許請求の範囲「柔らかい座部」の分割出願丙（足や背もたれがなくてもよい）と特許請求の範囲「座部＋キャスター付き足」の分割出願丁（背もたれがなくてもよい）の２件を出願しました．これにより，椅子の特徴点をそれぞれ広くカバーすることができました．

補正の説明でも言及したように，明細書はできるだけ具体的に詳細にかつ多面的に，変形例も加えて記載しておくことが，将来における分割出願の余地を確保する意味で重要です．そして，定期的または重要な情報を入手したら，そのつど出願内容を見直し，補正や分割の手続きを利用して，強くて広い，活用できる特許にブラッシュアップしていきます．ライセンスや訴訟などで活用されている特許のほとんどは，分割出願を利用しています．

ここで，戦略的に分割した事例を三つ紹介します．自分のビジネスにどう役立てるか，他社の追従をどのようにして防ぐか，いかに不用意な限定を取り除くか，という点に注目して読んでください．

（１） 分割の事例１：米国Ｔ社のDRAM特許[1)]

1985年頃から，米国のプロパテント政策（特許権など知的財産権の重視，強化政策）を背景とした，米国企業からの攻撃が頻発するようになりました．米国Ｔ社が日韓９社を訴えた「DRAM事件」はその象徴的な事例です．

Ｔ社と日本の半導体メーカーは1970年代から特許実施契約を結んでいましたが，その契約の第３次更改交渉の最中の1986年１月，折からの半導体不況の対応策の一つとして，Ｔ社は「従来の実施料は安すぎた．先行研究開発投資の成果物であるDRAM特許の適正実施料率は売り上げの10％である」として米国国際貿易委員会（US International Trade Commission：ITC）とテキサスのダラス連邦地方裁判所に突然，訴えたのです．これがDRAM事件です．

DRAMは，図4.11に示すように，大きく分けてメモリアレイとセンスアンプからなります．メモリアレイとは，一つのスイッチ用のトランジスタと一つのコンデンサからなるセルをマトリックス状に配列したもので，64KDRAMは，このセルを６万４千個含んでいます．コンデンサには“1”または“0”

1）知財管理，Vol. 47, No. 11, p. 1635-1637.

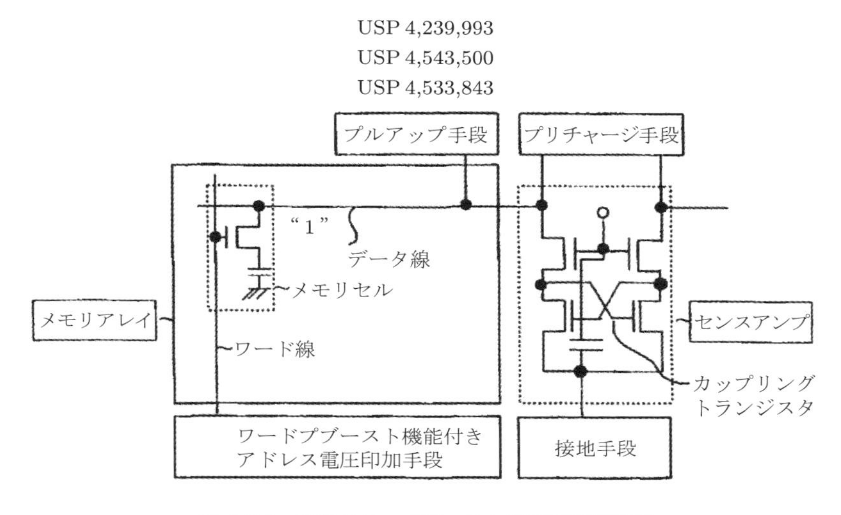

図 4.11　T 社のワードブースト特許回路概略図

の情報が記憶されています．通常 "1" に対して 5V，"0" に対して 0 V の電圧が加えられます．

プリチャージ手段によりデータ線をあらかじめ 5 V にチャージ（充電）し，その後スイッチ（トランジスタ）をオンにすると，コンデンサの情報が 5 V の場合にはデータ線の電位と同じなので，データ線の電位はあまり下がりませんが，コンデンサの電位が 0 V の場合にはデータ線の電位が急激に下がります．この電位の変化をセンスアンプで検出し，"1" または "0" の情報を判定し，情報を読み出しているわけです．

コンデンサの電圧が 5 V，ワード線の電圧が 5 V とすると，データ線の電圧は 5 V よりスイッチトランジスタの接合電圧降下分だけ低くなり，コンデンサの信号電圧を 100％利用できません．T 社は情報読み出し時にワード線の電圧を電源電圧より上昇させ，これによりコンデンサの信号電圧を 100％データ線に導き出す，ワード線ブースト技術を発明し，1978 年に出願しました．T 社のもっとも有力な特許がこのワード線ブースト特許[1] です．この出願は 1980 年に '993 として登録されましたが，その登録直前に分割出願を行い，そ

1）USP 4,543,500, McAlexander, Ⅲ, J., et al., 1980.10 出願（1978.9 優先）.

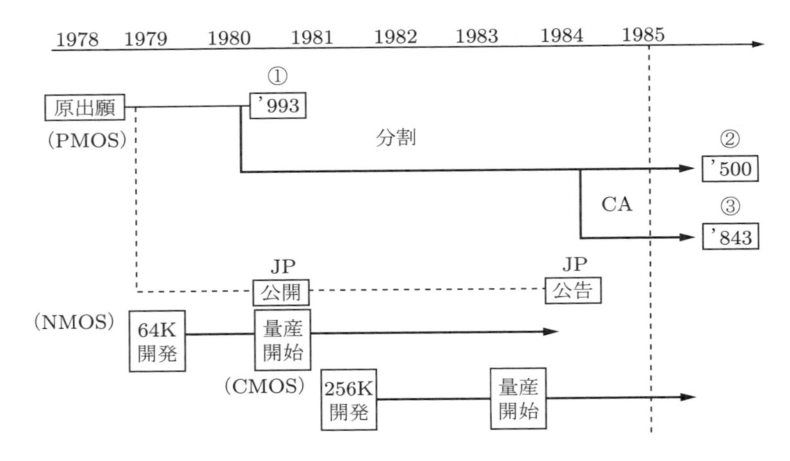

図 4.12 出願系統図

の継続出願（Continuation Application：CA．米国独特の制度）で特許 '500，'843 を取得しました．図 4.12 に分割の変遷を示します．

T 社のターゲットになった 64KDRAM，256KDRAM は，それぞれ 1980 年，1983 年には各社とも量産に入っています．T 社は，市場における DRAM 製品情報を参考にしながら出願分割を進めたものと思われます．

最初に登録になった特許①と，分割・CA を繰り返し登録になった特許②，③との特許請求の範囲上での違いを表 4.6 に示します．

表 4.6 各特許の特許請求の範囲の比較

特許	'993①	'500②	'843③
プリチャージ電圧	V_{cc}	選択された電圧	同左
ワード線電圧	V_{cc} 以上	同左	同左
プルアップ電圧	V_{cc}	プリチャージ電圧	V_{cc}
カップリングトランジスタ	あり	なし	同左
メモリ構成	1 交点	2 交点を含む	同左
	↓	↓	↓
	2 交点非抵触	NMOS のみカバー	CMOS もカバー

それぞれの特許には，プリチャージ電圧，ワード線電圧，プルアップ電圧などの限定条件があります．①の特許では，プリチャージ電圧は電源電圧 V_{cc}，ワード電圧は V_{cc} 以上，プルアップ電圧は V_{cc} と定義されています．1981 年当時のほとんどの DRAM はこのような構成になっています．

ところが，②の特許では，電源電圧 V_{cc} の表現を「選択された電圧」に変更し，プルアップ電圧も「プリチャージ電圧と同じ」という表現に変更することによって，必ずしも電源電圧に限らないように修正しています．これにより NMOS タイプの DRAM をカバーしました．

さらに③の特許では，プルアップ電圧を電源電圧 V_{cc} に変更して，当時の CMOS タイプの DRAM をカバーしました．

ワード線ブーストという核心となる発明技術思想は同じでも，その適用形態は技術の変遷によって変わります．特許請求の範囲の構成要件の表現を巧みに変更しながら，その後に開発・量産が進められた DRAM 製品が技術的範囲の外にこぼれ落ちないようにしたものです．市場変化に対応する巧妙な特許取得戦略です．

(2) 分割の事例 2：レメルソンの画像処理特許[1)]

3.2.2 項で紹介したレメルソンの画像処理特許は，分割出願や継続出願を戦略的に活用して発明のブラッシュアップを図った有名な事例です．

レメルソンは図 4.13 の装置の発明を 1954 年に出願しました．ビデオカメラ CAM で得られるビデオ信号を制御に利用するもので，図 4.14（システム）に

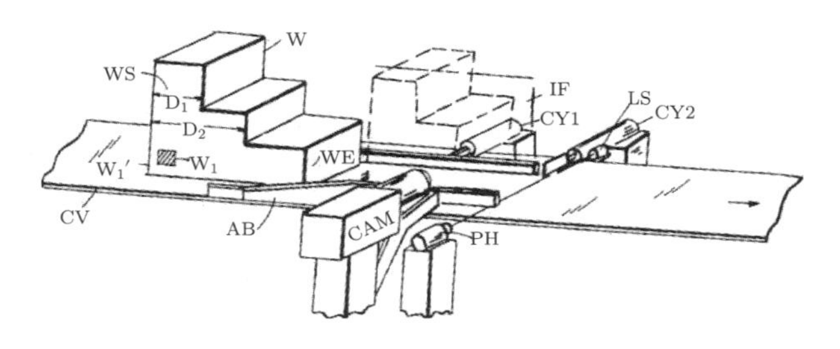

図 4.13 画像処理特許図面

1）US3,081,379, Lemelson, J., 1956.12 出願（1954.12 優先）．

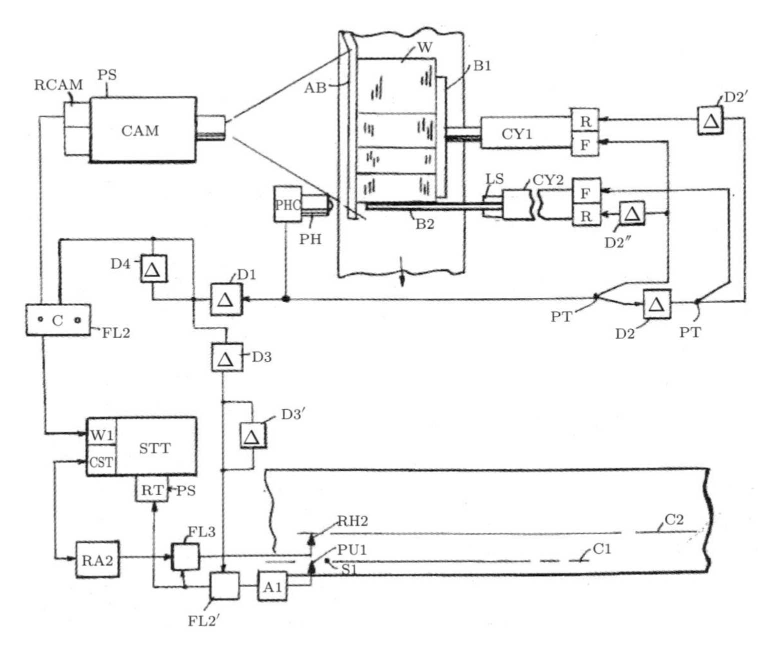

図 4.14 画像処理特許・システム

示すような詳細なシステム図を加え，49 ページの明細書，23 の図面にまとめられています．この発明の実施例は，従来技術の組み合わせで作成された，つぎのようなものです．

ベルトコンベアで運ばれてくる階段状のブロック（W）を所定の位置で保持レバー（AB）で保持し，側面からビデオカメラ CAM で撮影します．フォトセンサ（PH）の信号を合図にビデオ信号が取り込まれ，磁気テープに映像信号として記録されます．この映像信号とあらかじめ記録されている基準信号とを比較し，ブロック（W）の計測や検査などをします．

レメルソンは，その後，技術の進展をみながら，原出願の発明の切り口が他にもたくさんあると考え，分割出願（DA）や継続出願（CA），部分継続出願（CIP）を繰り返しました．その変遷を図 4.15 に示します．

1978 年に成立した特許 US4,118,730（出願系統図 B）は，表面検査システム（a surface inspection system）として，スキャンした画像信号を比較して

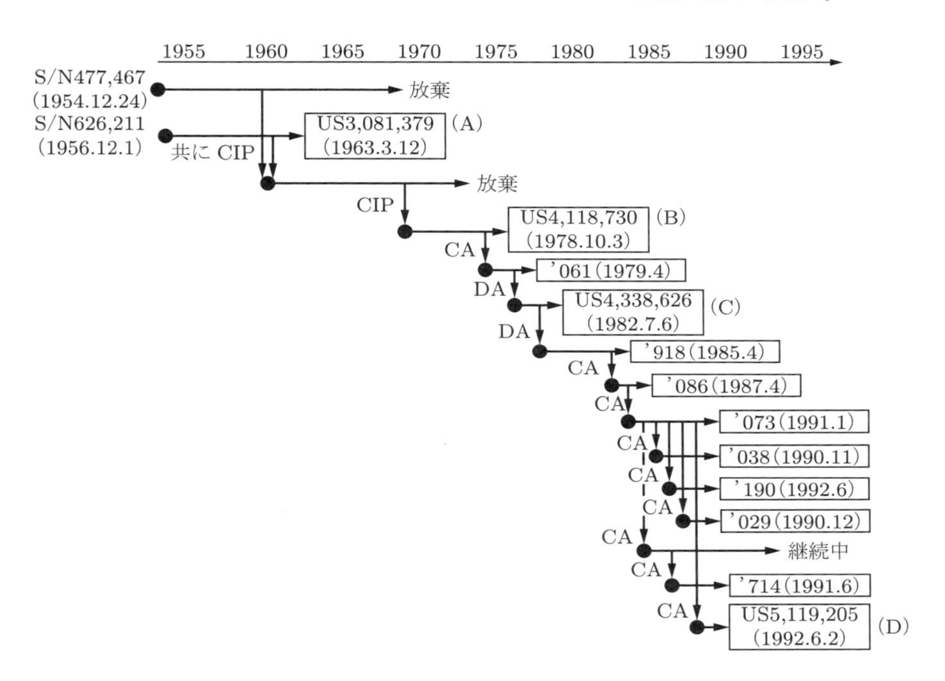

図 4.15 画像処理特許の出願系統

欠陥や屈折部を検出するもので，自動車などの塗装検査をカバーします．

1982 年に成立した特許 US4,338,626（出願系統図 C）は物品検査方法（a method of inspecting articles）を一般化して，スキャンした画像信号を記憶された信号と比較して検査や測定を行うもので，生産現場での自動化をカバーします．

1992 年に成立した特許 US5,119,205（出願系統図 D）は，選択された画像領域をスキャンし，分析する方法と装置（methods and apparatus for scanning and analyzing selected images areas）の特許で，バーコードの読み取りに焦点を合わせた特許請求の範囲をもっています．バーコードは生産のみならず，物流，販売，展示などあらゆる局面で使用されており，汎用性のあるものです[1]．

1) 1985 ～ 1990 年代に成立した特許は，“Laches”（法的怠慢；権利化をあまりにも長期間にわたり故意に引き伸ばした場合，その権利はもはや行使できなくなるという法理）のため権利行使できないという判決が連邦巡回控訴裁判所（The United States Court of Appeals for the Federal Circuit：CAFC）によってくだされました（2005.9.9）．

図 4.15 に示した分割の変遷からわかるように，1963 年の原出願の特許化（US3,081,379）以降，特許発行前に分割出願（DA）または継続出願（CA）を繰り返し，バーコード読み取り装置をカバーするといわれる特許が成立したのは出願後 30 年以上経った 1990 年前半でした．旧米国特許法では特許は登録から 17 年間有効であり，出願からの縛りはなかったので，このような出願後 30 年以上も経て特許が成立する事態が起こりました．長期間特許庁に潜んでいたということで，こういった特許をサブマリン（submarine：潜水艦）特許といいます．その後，米国の法律も変わり，特許有効期間は世界標準の出願後 20 年間という縛りになりましたが，その期間内での分割出願，継続出願はやはり重要な戦略手段となっています．

（３） 分割の事例３：携帯電話特許

つぎは，3.2.1 項（２）で説明した著者らによる自動応答機能付携帯電話の発明事例です．2 件の分割特許により，原特許の穴を塞ぐことに成功しています．

親特許の特許請求の範囲はつぎのような内容です．太字は子特許と異なる部分です．また，回路のブロックダイヤグラムを図 4.16 に示します．

特許第 3564985 号（親特許）[1] の特許請求の範囲

① 使用者の状況を通信相手に通知する**複数の応答メッセージ**を記憶する記憶手段と，

② 前記記憶手段に記憶された前記複数の応答メッセージから，通信相手に送出する応答メッセージを着信前にあらかじめ選択する応答メッセージ選択手段と，

③ 着信があったとき，前記選択された応答メッセージを通信相手に送出するかどうかを着信前にあらかじめオンオフにより登録しておくファンクションキーと，

④ 使用者に着信を報知する複数の報知手段の中から，**振動による**着信報知を行う報知手段を着信前にあらかじめ設定する着信報知設定手段と，

⑤ 前記ファンクションキーが着信前にあらかじめオンにされている場合

1）特許第 3564985 号，樋口和俊ほか，1997.12 出願（1996.12 優先）．
US 6,823,182, Higuchi, K., et al., 2000.8 出願（1996.12 優先）．

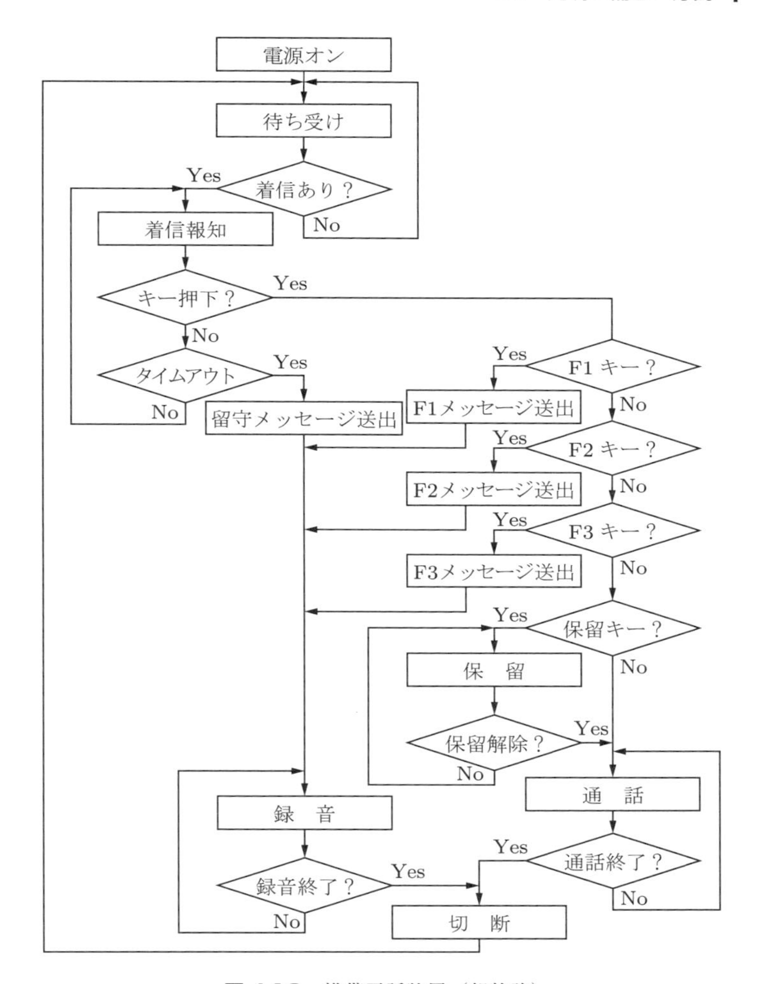

図 4.16　携帯電話装置（親特許）

に着信があったとき，前記振動による着信報知を行うとともに，前記登録された前記応答メッセージを送出することにより，振動による着信報知と応答メッセージを併用するように制御する制御手段とを備え，

⑥ 使用者がマナーにより携帯電話装置の使用が制限されている場所においても，周囲に迷惑をかけることなく着信があったことを知りかつ通信相手に使用者の状況を通知することができることを特徴とする携帯電話

装置.

この親特許から応答メッセージの音声入力手段を限定し，その代わりに着信は「鳴動または振動」と広げ，つぎの子特許(１)が成立しました．さらに，音声入力手段の限定の代わりにファンクションキーのオンオフの表示を限定した子特許(２)も成立しました．太字は親特許と異なる部分です．親出願の明細書に代替手段として，この分割出願の技術内容が記載されていたので，この分割出願が可能となりました．「鳴動または振動」と広げることで，「鳴動」によって親特許を回避する道を塞ぎました．

特許第3925430号（子特許１）[1] の特許請求の範囲

① 使用者がメッセージを入力する**音声入力手段**と，

② 前記音声入力手段を介さずに入力されたメッセージと，前記**音声入力手段を介して**入力されたメッセージを含む**複数の応答メッセージ**を記憶する記憶手段と，

③ 着信前にあらかじめ使用者が前記記憶手段に記憶された複数の応答メッセージの中の一つを選択する応答メッセージ選択手段と，

④ **鳴動または振動により**使用者に着信を報知する複数の報知手段と，

⑤ 着信前にあらかじめ使用者が前記複数の報知手段の中の一つを設定する報知設定手段と，

⑥ 前記応答メッセージ選択手段により選択された応答メッセージの送出と前記報知設定手段により設定された報知手段による着信報知とを関連づけてオンオフするファンクションキーと，

⑦ 前記ファンクションキーがオンされている場合に着信があったとき，前記報知設定手段により設定された報知手段により着信報知を行った後に，前記応答メッセージ選択手段により選択された応答メッセージを送出する送出手段と，を備えていることを特徴とする携帯用の電話装置.

特許第4207057号（子特許２）の特許請求の範囲

① 複数の応答メッセージを記憶する記憶手段と，

② 着信前にあらかじめ使用者が前記記憶手段に記憶された複数の応答

1）特許第3925430号，樋口和俊ほか，2003.2出願（1996.12優先）.

メッセージの中の一つを選択する応答メッセージ選択手段と，

③ **鳴動または振動**により使用者に着信を報知する複数の報知手段と，

④ 着信者にあらかじめ使用者が前記複数の報知手段の中の一つを設定する報知設定手段と，

⑤ 前記応答メッセージ選択手段により選択された応答メッセージの送出と前記報知設定手段により設定された報知手段による着信報知と関連づけてオンオフするファンクションキーと，

⑥ 前記**ファンクションキーがオンされているか否かを示す情報を表示する表示手段**と，

⑦ 前記ファンクションキーがオンされている場合に着信があったとき，前記報知設定手段により設定された報知手段により着信報知を行った後に，前記応答メッセージ選択手段により選択された応答メッセージを送出手段を備えていることを特徴とする携帯用の電話装置．

演習問題―その分野特有の効果から発明をまとめあげる

つぎのものについて，それぞれあげる効果に注目して発明の精選と拡張をしてみてください．

演習 4.1　六角形の鉛筆 1：効果「転がらない」

演習 4.2　六角形の鉛筆 2：効果「持ちやすい」

演習 4.3　掃除機（図 3.35）：効果「ごみがこぼれない」

演習 4.4　芝刈機 1（図 3.12）：効果「芝刈りの高さを微調整できる」

演習 4.5　芝刈機 2（図 3.12）：効果「高さ調節の操作力が小さい」

演習 4.6　エスカレータ（図 2.5）：効果「欄干を全部透明にする」

演習 4.7　円錐 1（一定の底面積と高さをもつ立体として円錐を発明．公知例は円柱，三角柱）：効果「倒れにくい」

演習 4.8　円錐 2（演習4.7 と同じ状況．公知例は円柱，球）：効果「遠くに転がり続けない」

演習 4.9　円錐 3（演習4.7 と同じ状況．公知例は三角錐，三角柱）：効果「切削加工が容易である」

第5章 特許権の活用と他者特許への対応

本章では，取得できた特許の活用の仕方について説明します．特許の活用には，事業の独占を意図した排他権の行使である差止請求以外にも，損害賠償の請求，特許の売買や実施許諾（ライセンス）などさまざまなものがあります．

5.1 権利侵害とその対応

特許権の権利侵害の対応について，特許を侵害された場合と特許を侵害していると警告された場合に分けて説明します．

5.1.1 侵害された場合

特許権者が自分の特許権を侵害していると思われる者を発見した場合，通常，特許権者は，「貴製品または方法は当方所有特許○○○に関係があると思われる」という旨の書面を侵害していると思われる者に送付します．これに対して，書面を受け取った者は，「当方の製品または方法は貴特許と関係がない」，「貴特許は特許性がなく無効」，「貴特許の実施権を得たい」などと回答をします．

その後，両当事者間で特許の有効・無効や抵触・非抵触，実施権の取得，実施料の支払い，クロスライセンス，被疑侵害行為の中止などに関する話し合いがもたれます．ここで話がまとまらなければ，特許庁や裁判所などの第三者による紛争の解決を図ることになります．

解決方法としては，両当事者間の話し合いのほかに，審判，訴訟，仲裁，調停などの手続きによることがありますが，いずれにせよ，弁理士や弁護士などの専門家に相談するのがよいでしょう．

権利の行使にあたっての留意事項は，つぎのとおりです．

① 有効な特許権があるか

まずは，特許権が設定登録され，権利の存続期間中である必要があります．なお，特許の内容に無効理由がある場合，特許庁（審判）において特許無効とされるか，裁判所において無効理由があるために権利行使不可とされるので，特許有効性の事前チェックは不可欠です．実用新案権を活用しようとするときには，事前に特許庁から実用新案技術評価書を入手し，権利を行使しようとするときにその提示をしなければなりません．

② 特許の技術的範囲に入るか

第三者の実施している物や方法が特許の技術的範囲内でなければなりません．特許の技術的範囲は，特許請求の範囲の記載に基づいて定められます（特許法第 70 条）．特許請求の範囲のすべての要件のうち，一つでも欠けていれば範囲外（非侵害）となります．一般にこれを全構成要件充足の原則といいます．しかし，均等論[1)] によって，重要でない構成要件を均等物で置換した場合も侵害とみなされることがあります．また，特許請求の範囲の構成要件の一部を生産・譲渡する場合でも，それが専用部品だったり，発明課題に不可欠なものであったりする場合には，**間接侵害**として侵害と見なされることがあります（特許法第 101 条）．第三者の実施品や方法（被疑侵害品）が特許の技術的範囲内であるかどうかなどは，弁理士や弁護士の鑑定を通じて確認するのがよいでしょう．また，被疑侵害品の証拠の確保，販売ルートや数量などの把握も重要です．

5.1.2 侵害していると警告された場合

権利者からの警告は，特許権者の主観的判断に基づく場合も多く，しっかりした根拠がない場合も少なくありません．したがって，警告を受けたらまずはその正当性を確認，検討します．そのうえで，しかるべき措置をとります．確認，検討内容はつぎのとおりです．

① 特許権が存在しているか

特許原簿により，特許権が有効に存在するか，正当な権利者からの警

1）ボールスプライン軸受事件で，最高裁判所は①本質的でなく，②効果が同一であって，③当業者が容易に置換できるものは，④公知例とは異なっており，⑤出願経過で意識的に除外していなければ，均等物として技術的範囲に入ると判決しました．

告であるかを確認します．

② **特許の有効性はあるか**

あらためて公知例調査を行い，特許は有効か無効かを確認します．

③ **特許発明の技術的範囲に入るか**

特許公報を入手し，特許請求の範囲の記載を中心に特許の技術的範囲がどこまで及ぶかを検討します．特許の技術的範囲は，特許請求の範囲の記載に基づいて定められます（特許法第 70 条）．特許請求の範囲を正確に読むためには，出願時の技術水準を把握し，出願前の公知文献などを調査するとともに，審査経過を確認することが必要です．

特許の有効性や特許の技術的範囲については，弁理士や弁護士に鑑定を依頼することが一般的です．また，特許庁に判定を求めることもできますが（特許法第 71 条），権利付与官庁の公式見解で有益な意見ではあるものの，この判定結果には法的拘束力がありません．

特許侵害に関する民事上の救済措置と刑事罰

差止請求権（特許法第 100 条）：特許権を侵害する者あるいはその恐れのある者に対して，現在及び将来における侵害行為の停止を請求することができます．

損害賠償請求権：特許権を侵害された場合，侵害者に対して損害賠償を請求することができます（民法第 709 条）．時効は侵害を知ったときから 3 年です（損害額の推定等は特許法第 102 条に規定されています）．

信用回復措置請求権（特許法第 106 条）：侵害行為によって業務上の信用を害された場合には，新聞への謝罪広告の掲載など，業務上の信用を回復するのに必要な措置を請求することができます．

不当利得返還請求権（民法第 703，704 条）：侵害者が侵害行為によって不当に得た利益の返還を請求することができます．時効は 10 年です．

侵害の罪：特許権を侵害した者は，刑事罰として，10 年以下の懲役または 1000 万円以下の罰金が科せられます（特許法第 196 条）．また，その法人に対しては 3 億円以下の罰金が科せられます．（特許法第 201 条）．

5.2 他者特許対策

新しい分野への製品展開や新製品の開発によって業容の拡大を図る企業にとって，大切なのは，他者特許に対する普段からの取り組みです．他社特許の内容やそれと自社製品との関係をつねにチェックしておきましょう．万が一，訴訟になっても和解で解決を図ることが得策である場合が多いでしょう．他者からの特許による攻撃を避ける意味でも，対抗できる強力な特許，相手も欲しがりまたは使わざるを得ない特許をもつことが重要です．これらの特許は，交渉材料として使うこともできるからです．

以下に，普段から行うべき取り組みを簡単にまとめます．このほかに，外部の弁理士や弁護士も活用しましょう．重要性を考慮しながら複数人から意見を求めるのもよいでしょう．検討にあたっては，相手からの反論を想定して議論を深めます．いずれにしても，これらの最終的な判断は今後のビジネスにとってたいへん重要ですから，経営トップによって判断がくだされます．

具体的な他社特許対策のいくつかを説明します．

5.2.1 特許調査

特許調査には，先行技術調査，特許の有効性調査，侵害特許調査などがあります．開発前，製品出荷前の他者特許の調査が大切です．第2章の章末で紹介した日本特許庁の特許情報プラットフォーム（J-PlatPat），米国特許庁や欧州特許庁のデータベースのほか，国内外のサーチャー（調査専門家）も活用して調べます．また，競合会社の最新の公開特許公報，開発製品や製法の確認も重要です．これらにより新製品分野の開発状況が明確になる場合があります．

5.2.2 特許の有効・無効の検討

競合会社の特許の明細書，特許請求の範囲は，一字一句おろそかにせず読み，審査経過は把握しておきましょう．公知例との差を明確にしながらポイントを絞り，何度も読み込むことが大切です．公知例調査は，対応する外国出願の引用例も含めて徹底して行います．国内外の調査機関に依頼することを検討してもよいでしょう．審査過程での引用例よりも発明に近い公知例が発見された場合には，相手の特許を無効にできる可能性が高まります．

5.2.3 抵触・非抵触の検討

原則として，相手の特許公報に記載されている特許請求の範囲のすべての要件のうち，**一つでも**欠けていれば非抵触となります（全構成要件充足の原則）．まず，対象とする製品または方法（通例イ号といいます）と照合します．各要件を厳密に解釈して**技術比較表**（4.1.1 項参照）を作成します．さらに構成，目的，効果の差はないか，間接侵害はないか，出願経過を参考にして限定解釈ができないか（禁反言の原則），均等論も検討したかなど，多角的に見ることが大切です．もし抵触性（関係性）が否定できないときには，自社の対抗特許を活用したクロスライセンスの可否，ライセンス取得の可否（5.3.3 項参照），設計変更の可否，開発断念などを検討します．判断には高度な知識が必要なので，弁理士や弁護士などの特許の専門家に相談するのがよいでしょう．最終的な判断は経営トップによってなされます．

特許調査・対策費 5%ルール

3.3.4 項で説明したガラスダイオードの開発過程で，3.3 節で説明した「大面積 pn 接合片をハンダで積層してから小さく切断する」という複合半導体素子の特許（基本プロセス特許）が関係することが判明し，大きな問題となりました．すでに説明したように，基本プロセス特許の内容は「重ねてから所望の大きさに切る」というもので，サンドイッチなどいろいろな分野で慣用されている方法です．このとき，経営者は，ロイヤルティを払って実施権を得ることも選択肢の一つであるが，基本プロセス特許はあまりにもあたり前な技術なので，まずは無効にすることを第一として進める，という判断をしました．

これを受けて調査にあたりましたが，国内外問わず広く調査しても，ほとんど同じ公知例がなかったため，最後は，米国特許庁の資料館で全半導体特許明細書全文をしらみつぶしに読破するしかないと考え，会社に進言しました．このとき，旅費や人件費などもかかるのに，米国特許庁に出向いてまで調査する必要があるかで議論となりましたが，最終的にはそれを実施し，幸いにも有力な無効資料を発見することができました．

このように，調査には費用がかかることもあります．このため，どこまで調査するかは難しい判断になります．この指標として，「支払相当額の 5%相当を特許調査・対策費とする」ことを著者は推奨しています．もし，特許を無効にする公知例を発見できなくてもこのルールに従えば，費用は 105%になるにすぎません．筆者（小川）は「事前特許調査・対策費 5%ルール」の適用を多くの事例で進言し，成果を上げてきました．ロイヤルティの額にもよりますが，このルールを目安として調査すればよいでしょう．

5.3 特許権の活用方法

特許は排他権を行使する以外にも，さまざまに活用することができます．図5.1 に産業財産権（特許，実用新案，意匠，商標）のさまざまな活用形態を示します．ここでは，これらについて説明していきます．

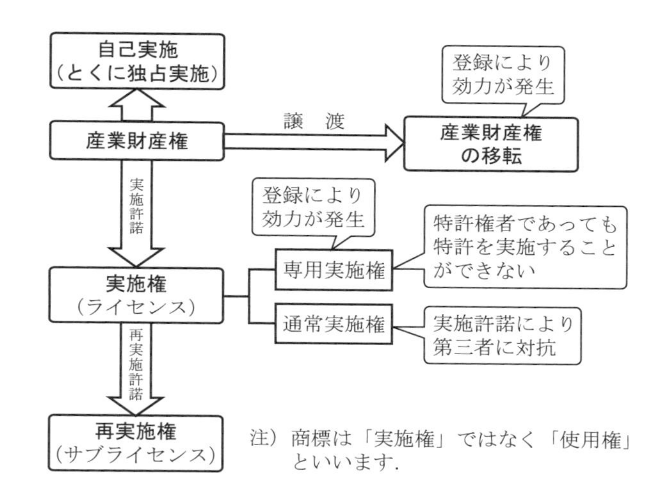

図 5.1　産業財産権の活用形態

5.3.1　自己実施（とくに独占実施）

独占実施は，特許権のもっとも基本的な活用方法です．他社に関係製品を一切作らせないことが可能となり，市場を独占して価格を維持できるため，大きな利益が期待できます．

しかし，このためには，特許権を侵害した他社商品が出回っていないか，つねに市場を監視している必要があります．この監視は負担の大きい仕事ですが，不可欠なことなので，発明者や営業関係者など幅広い方面から，できるだけ多くの他社情報を入手し，監視に努めましょう．

ここで注意しなければならないことは，自分の発明が特許になったからといって，それは自己実施を保証するものではないということです．その発明が他者の先願の特許を利用するときには，他者の許諾を得なければ実施できません（特許法第 72 条）．たとえば，先行特許として「ストロー」があったとします．その状態で，蛇腹部分を設けて折り曲げ可能としたストローを発明し，それが特許になったとします．あなたは「蛇腹ストロー」の特許をもっているので，生産販売を考えますが，蛇腹ストローもストローであり，先行したストローの特許を利用せざるを得ないため，先行特許の許諾が必要になります．この場合，先行したストローの特許を基本特許，蛇腹ストローの特許を改良特許といいます．

5.3.2 譲　渡

譲渡とは，特許権の権利の一部，または全部を他人に相当の対価で譲ることです．共有の権利者がいる場合には，譲渡の際に共有者全員の同意が必要となります．譲渡した場合，譲り受けた者が権利を主張して第三者に対抗するには，特許庁への登録が必要です．

5.3.3 ライセンス（実施権の許諾）

権利を譲らず，他人に特許権の実施を許諾することを**ライセンス**といいます．ライセンスにより得られる対価を，実施料またはロイヤルティといいます．実施許諾の際には，実施許諾契約書を作成し，ライセンス契約を結びます．契約は法的な拘束力をもつので，相手が契約を守らないときは，裁判所を通じて約定の遵守を強制し，また違反をしたときには，契約の解除や損害賠償の請求ができます．ライセンスには，専用実施権（特許法第 77 条）と通常実施権（特許法第 78 条）があります[1)]．**専用実施権**とは，特許権などの譲渡は行わず，相手に権利をもっぱら使用させます．この場合，特許権者であっても特許を実施できなくなるデメリットがあります．しかし，専用実施権者には，特許権者と同等の権利を与えることになるので，一般的に通常実施権よりも高額の実施料を受けることができます．一方，**通常実施権**は，他社に特許権などをライセンスし，実施料を得ます．特許権者自身も発明を実施でき，複数人に許諾でき

1）2009 年 4 月に法律が改正されました．設定登録前，つまり出願直後から仮通常または専用実施権を登録することができます．とくに大学 TLO や中小・ベンチャー企業にとっては有利になります（特許法第 27 条，第 34 条の 2 など）．

るので，事業に伴うリスクを小さくすることができます．

また，ライセンスを受けた人が，さらに第三者に実施権を与えることもできます．これを**サブライセンス**（再実施権）といいます．ただし，サブライセンスを許諾するには，元の特許権者から，あらかじめ再実施権の許諾の権限を得ておく必要があります．

ライセンス契約の契約書の書式や内容は，当事者間で自由に決めることができますが，一般的な内容としては，表 5.1 に示す項目を含めます．契約書の本文は，契約条項でもっとも大切な部分です．トラブルを避けるために，用語の定義を明確化するとともに，当事者の権利・義務のほか，履行の条件や契約違反があった場合の措置を明記することが重要です．ライセンス契約にあたっては，つぎに示す項目についての検討が重要になります．

- 専用実施権か，通常実施権か
- 相手がライバルか
- ロイヤルティは一括払いか分割払いか，イニシャル（頭金）とランニング（売上額に応じた実施料支払い）の額はいくらか
- 許諾製品分野はどこか，許諾地域はどこか，許諾期間をどうするか
- 改良技術の取り扱いはどうするか

ライセンスの方法としてはさまざまな形態がありますが，とくにつぎの二つが重要です．

表 5.1 契約書の一般的な項目

	タイトル	内　容
1	契約書の題名	○○契約書
2	前文	A 社（甲）と B 社（乙）はつぎのとおり契約する．
3	本文（契約事項）	第 1 条　約定事項…
		第 2 条　約定事項…
		⋮
4	後文	本契約の証として，本契約書を 2 通作成し，甲乙これに署名捺印のうえ各 1 通を保管する．
5	契約の日付	○○年○月○日
6	当事者の署名捺印	甲乙の住所，社名，役職，氏名と捺印

(1) 部分ライセンス

部分ライセンスとは，特定の地域，特定の商品分野など限定的にライセンスする方法です．この利用形態は自己実施と組み合わせ，利益を最大にしようとする戦略です．たとえば，自社の販路が関東には強いが関西には弱い場合，関東では自社が製品を独占し，関西ではその地域に強い他社にライセンスをして，他社の売り上げに期待するという戦略です．

(2) クロスライセンス

クロスライセンスとは，自社の特許権などと他者の特許権などを相互にライセンスする方法です．

たとえば，5.3.1 項でも説明しましたが，図 5.2 に示すように，特許請求の範囲（ストロー）という先願の特許があるときに，特許請求の範囲（蛇腹ストロー）の後願の特許を取ったとします．このとき，自分の特許（蛇腹ストロー）を実施すると，先願特許（ストロー）を侵害することになるため，実施するには，先願特許の実施許諾を得なければなりません．一方，先願の特許権者も，特許（ストロー）はもっているものの，特許（蛇腹ストロー）を実施したければ，当然，その実施許諾を得なければなりません．もし，両者が互いに相手側の特許を実施したければ，話し合い，相互に許諾するクロスライセンスを締結します．このように，先願特許を利用した後願発明であっても，先願の特許権者が実施したい（または実施せざるを得ない）発明にすることができれば，クロスライセンスによって，先願特許を実施する場合のロイヤルティの負担を抑えることができます．両者の特許権の価値（自社特許×関係する相手会社製品の販売額，の総和）が同等の場合には，対価が発生しないフリー・クロスライ

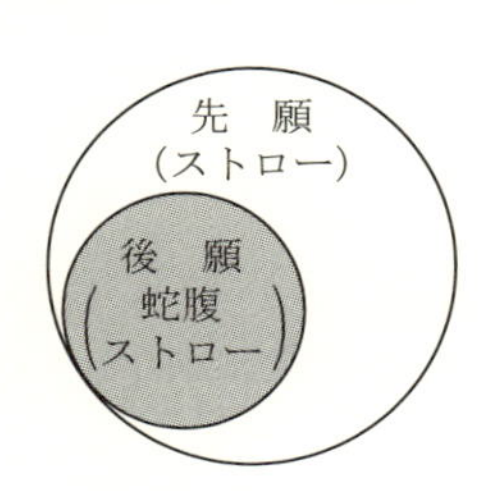

図 5.2　先願と後願

センスとなります．関係する特許が多数ある場合のクロスライセンスは，包括（オーバーオール）クロスライセンスといいます．

また，特殊なライセンス形態で，数社の特許権などを集める「特許権のプール」または「ライセンスのコンソーシアム標準化」という方法もあります．数社の同業者が互いに特許権を持ち寄り，それを一括管理して有効活用する戦略です．

他人の特許を事業に活用したい場合は，特許権者とライセンス契約を結ぶことが基本です．

ライセンス契約で，まず検討すべきことは，特許権者が実施許諾をしてくれるかどうかです．化学や薬品のように業種によっては，企業戦略的に重要な特許権は許諾しない方針をとっている場合がしばしばあります．これに対抗するには相手も使わざるを得ない対抗特許を自分で取得するか，その使用を断念してまったく新しい技術を開発するしかありません．許諾するといわれた場合であっても，新規開発に必要な技術の開発費と期間を見積もり，ライセンスの対価と見比べてライセンス契約の要否を判断します．

さらに，契約をする前に相手の業容をよく調べ，相手に供与できる自社技術や特許がないかどうか検討をします．あわせて，自社の営業力や製造技術などすべての経営関連ファクターを検討し，実施契約を考えます．場合によってはフリー・クロスライセンスにできるかもしれません．

特許の活用にあたっては事業全般からみた「戦略的視点」が非常に重要です．また，取り決めの内容は契約書の形に定めておくことが必要です．社内に知的財産権管理の専任者がいればその専任者に，いなければ弁理士や弁護士などの外部の専門家からアドバイスを得るのがよいでしょう．

大学発ベンチャーなどでは，資金的な問題から自ら製品を製造・販売することは難しい場合があります．このような場合に資金を回収する（特許権により利益をあげる）方法として，特許権の譲渡，あるいはライセンス（実施権許諾）がよく利用されます．

特許の活用をさらに実りあるものにするためには，出願・権利化・活用の各段階において全体として戦略的な取り組みが重要になります．この各段階とそ

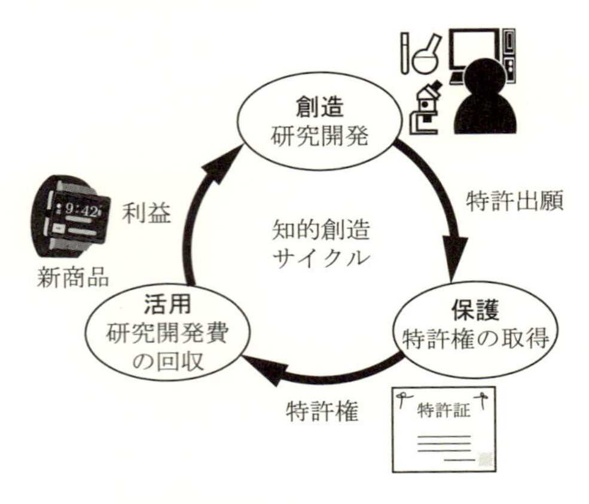

図 5.3 知的創造サイクル

れらが循環する状態を，知的創造サイクルといいます（図 5.3 参照）．資源の乏しいわが国の今後の進むべき道を示すものといえると思います．

弁理士

（1） 手続きの強い味方

特許申請の手続きを代行してくれる国家資格者がいます．それが弁理士です．

弁理士は，技術的な創作や工業デザイン，業務上の信用を，特許権，実用新案権，意匠権，商標権などの形で権利化するための特許庁への出願手続代理や，それらの取消しまたは無効とするための審判や異議申立手続きが主たる業務です．こうした業務は，高度な技術的知識と法律的知識の両方を必要とすることから，弁理士という国家資格者のみが行うことができます．

また，弁理士は，弁護士と共に知的財産権を侵害する物品の輸入差止手続きの代理業務や，特許，実用新案，意匠，商標または特定不正競争（不正競争防止法に規定される不正競争のうち弁理士法で定義される特定のもの）に関する専門的仲裁機関における仲裁・和解の代理業務を行うことができます．

このほか，知的財産権もしくは技術上の秘密の売買契約，通常実施権の許諾に関する契約その他の契約の締結の代理もしくは媒介をする業務や，これらの相談に応じる業務も行うことができます．

特許出願の手続きは，たいへん複雑ですし，これまで説明したように，特許として認められなかったり，ライバル製品が特許請求の範囲に入らなかったりといった経験不足からの失敗もあるため，弁理士を有効に活用するのがよいでしょう．弁理士は権利取得までの手続きをすべて代行してくれるので，良い関係を築くことができれば，有効な特許の権利化の最良のパートナーになってくれます．

（2） 弁理士とのコミュニケーションの重要性

弁理士に依頼し，ある製品について，構造が簡単なＡタイプと出願時に有力であったＢタイプを実施例とする特許出願をしました．特許権者は，Ａタイプ，Ｂタイプともに特許請求の範囲に入れるつもりでしたが，Ｂタイプのほうが有力である旨を弁理士に伝えたため，弁理士は，特許請求の範囲をＢタイプに限定して特許を取得しました．後年，Ａタイプが主流となったため，この特許の有効性はたいへん低くなってしまいました．

これは，自動車関連製品の特許での実例です．特許請求の範囲の作成や審査段階での補正にあたっては，すべての実施製品をカバーしているかどうかを発明者も厳密に検討する必要があります．

弁理士は頼りになるパートナーですが，コミュニケーションがしっかりとれていなければこのような失敗につながります．希望は正確に伝え，それが書類に反映されていることをしっかり確認しましょう．

第6章 知的財産戦略としての特許

企業の戦略として特許を考えた場合，一つの開発製品をいくつもの特許で保護することがあります．多くの製品は複数の構成部品からなっているので，製品全体の構成，主要構成部品などありとあらゆる面から特許になりそうな発明を抽出するわけです．目的，効果，構成に分野特有の新しさがあるときは，4.1.2項「発明の精選と拡張」で説明したように，代案も含めて発明の広い権利化を狙います．場合によっては同一の対象製品や部品についても切り口を変えた別々の出願を考えるとよいでしょう．たとえば，3.2.1項（3）であげたカーナビゲーションシステムでは，ハードビューの特許のほか，空を表示する特許，その空の色を季節や昼夜で変化させる特許など，新しいシステムをいろいろな切り口から特許化しています．

さらに，開発後でも改良できた場合などは，そのつど出願するのが有効です．製品に用いられる材料や製品の使用方法に新しさがあるときには，その面からの出願も考えます．

6.1 知的財産戦略の考え方

戦略的に重要な製品をさまざまな面からの特許（特許網といいます）で守ることができれば，さらに商品力の強い製品となります．たとえば，まったく新しいプリンタが開発されたときには，プリンタの基本構成，露光機構，制御装置だけでなく，消耗部品であるインクカートリッジの構造やインク材料なども特許で抑えることが重要です．特許や実用新案だけではなく，意匠，商標（ブランド），ノウハウ（営業秘密）など知的財産権全体を有機的に組み合わせて知的財産網を構築し，その活用を計ることも大切です．重要な開発製品に対しては，マーケティング（市場調査）や開発研究の初期段階から知的財産戦略を練って実行するとより大きな効果が期待できます．ここでは，個別の開発成果の権利化を戦略的に行った事例や，独創的な開発プロジェクトの成果を特許網として国内外で権利化し，その戦略的な活用を図り，企業収益に結び付けた事例から知的財産戦略の立て方を学びます．

6.1.1 切り口を変えた特許群で実用可能な全範囲を網羅する：遠心脱水機

一つ目は，P社の，洗濯機の遠心脱水機における特許戦略です．切り口を変えた3件の特許で，脱水機の最適なほぼすべての回転数の範囲を網羅する条件を権利化した事例です．

図6.1(a)に示す遠心脱水機では，洗濯機のバスケットをモータで回転させ，遠心力によって洗濯物の脱水を行います．図(b)のように，回転数を上げれば脱水率が上がりますが，ある回転数に達すると脱水率が飽和します．

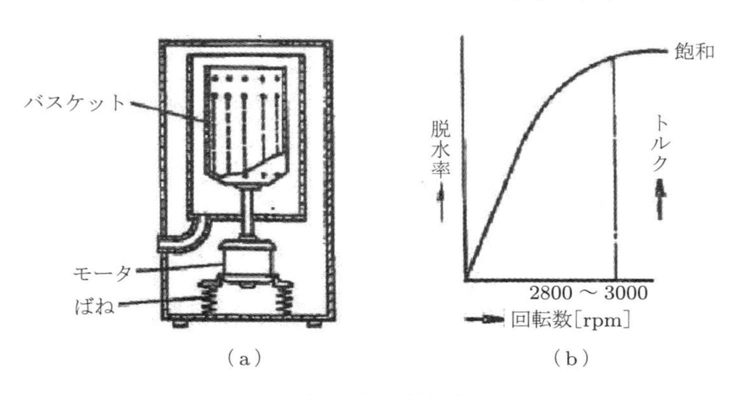

図6.1 遠心脱水機

脱水機に使われるコンデンサモータは，図6.2(a)に示すように，主巻線（L_1, L_2）と進相用コンデンサ（C）が接続された補助巻線（L_3, L_4）をもつ固定子巻線と，この固定子巻線に流れる電流によって発生する回転磁界によって駆動される回転子から構成されています．

従来，高速回転を得るために，2極コンデンサモータが利用されていました．図6.2(b)は2極コンデンサモータのトルク-回転数特性図を示します．従来のトルク-回転数特性がt_0のものは，負荷τとの交点は3000～3400 rpm（回転/分）という高速の回転数でした．これは脱水率の飽和（図6.1(b)）を考

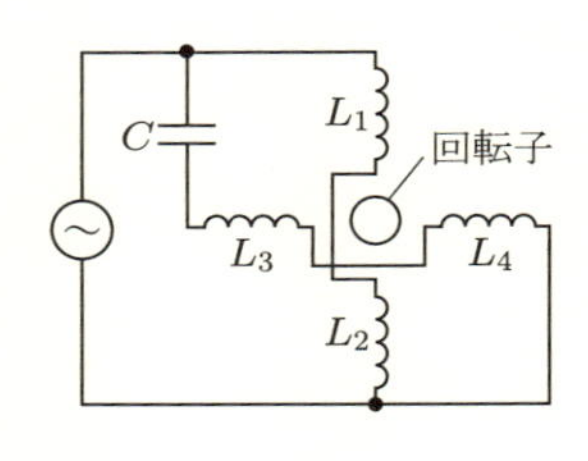

（a）コンデンサモータ

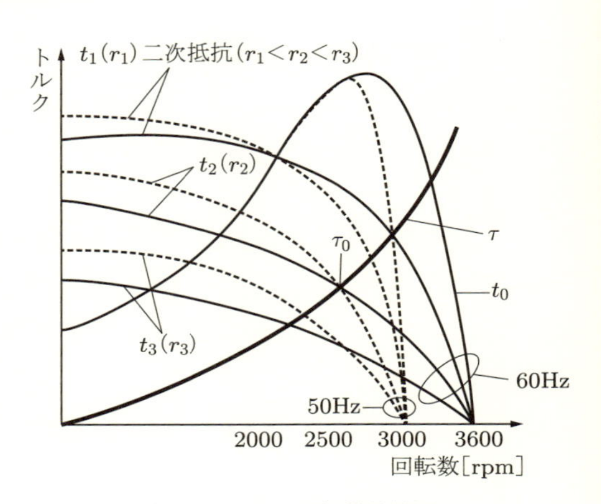

（b）トルク－回転数特性図

図6.2　コンデンサモータ

えると必要以上に高い回転数であり，さらに脱水機全体の構造強度や振動対策に費用がかかることが欠点でした．また，一般に，コンデンサモータの回転数を下げるにはモータの回転子の材質を変えて二次抵抗を増やしてトルクを下げれば良いことが知られていました．

これらの知見に基づき，P社は，一歩踏み込んで，二次抵抗を変化させたときのトルク変化を究明しました．もう一度，図6.2(b)を見てください．二次抵抗を高くすると，t_1 に示すように起動トルクが高くなり，起動時に洗濯物が水分を含んでいても安定した起動ができます．さらに，二次抵抗を高めると，t_2 となり，50 Hz と 60 Hz の負荷トルク τ との交点は τ_0 付近の 2500 rpm（回転/分）となります．これは，関東以北の 50 Hz 地帯でも関西以西 60 Hz 地帯でも，すなわち日本全国いずれの場所でも回転数は一定になり，脱水性能が均一になることを表しています．

また，さらに二次抵抗を高めた t_3 では，その負荷トルク τ との交点が 60 Hz より 50 Hz のほうが高い回転数になっていて，同じ脱水機の設計であっても気温が低く日照時間が少ない北日本での脱水率が高くなります．いずれの場合も回転数は脱水率が飽和する速度近辺としています．

これらをふまえて，表6.1に示すような切り口（理屈）を変えた3件の特許

表 6.1 遠心脱水機の発明要旨

公告番号	要　旨	理　屈
特公昭 45-13987 号	60 Hz…3000 rpm 50 Hz…2900 rpm 起動トルク ≒ 停止トルク	・脱水率が飽和する速度 ・起動時に大きなトルクが出せる
特公昭 45-14630 号	60 Hz…2500 rpm 付近 50 Hz…同上	・脱水率が飽和に近い速度 ・同一の回転数になり地域別性能にばらつきがない
特公昭 45-14631 号	60 Hz…2300 rpm 50 Hz…2400 rpm	・脱水率が飽和に近い速度 ・北日本地域の脱水率が西日本地区を上回る

で，脱水機の実用可能なほぼすべての回転数（2300 ～ 3000 rpm）の範囲を網羅するように権利化を行いました[1)]．他社の追従を許さないように，いろいろな角度から考えて戦略的に出願した例といえます．

6.1.2 原理，構造，材料，システムの総合特許網で独自事業を包囲する：バブルジェットプリンタ

PC の周辺機器としてインクジェットプリンタはいまや欠かすことができません．C 社は，基本特許[2)]，基本改良特許，材料特許，システム特許などの総合特許網を張り巡らし，バブルジェット方式のインクジェットプリンタ市場を育て上げるとともに[3)]，市場を独占し，年間約 1000 億円規模の売り上げをあげています．

図 6.3(a)はバブルジェット方式インクジェットの原理図です．インク室に設けられたヒーターでインクを瞬時に加熱し，沸騰してできた泡（バブル）の圧力でインク滴を吐き出します．この方式は，高速・高密度印刷に有利です．開発者は，実験中にハンダごてを液体の入った注射針に誤って接触させたときに，注射器から液体が飛び出すのを経験し，この原理を発見したそうです．図

1) 特公昭 45-013987，丹生寿治ほか，1966.1 出願．特公昭 45-014630，丹生寿治ほか，1966.4 出願．特公昭 45-014631，丹生寿治ほか，1966.4 出願．
2) 1994 年(社)発明協会の全国発明表彰で「バブルジェットプリンタ装置の発明」が恩賜発明賞を受賞（特許第 1396884 号・1978.8 出願「液体噴射記録法及びその装置」）．
3) クロスライセンスをした米 H 社のほうが製品化は早かったようです（1984 年）．

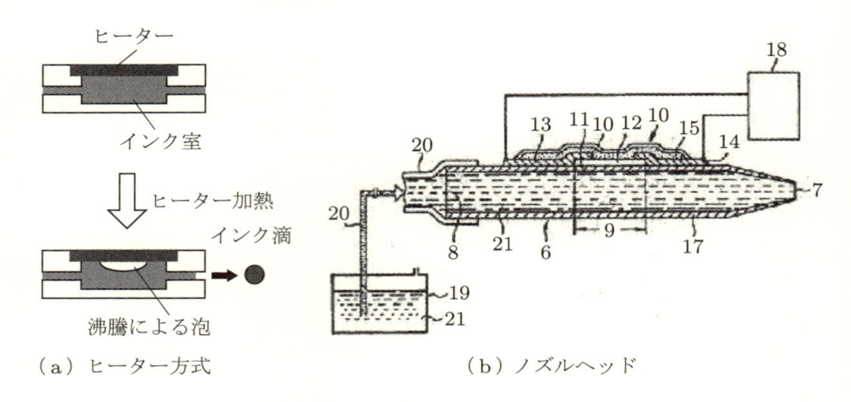

（a）ヒーター方式　　（b）ノズルヘッド

図6.3 インクジェットプリンタ

（b）はノズルヘッドの特許の図面で，10が電気熱変換体です．

C社は，この技術の基本発明を皮切りに25年間に約2万件の特許を出願しています．数々の技術的課題を解決した基本改良構造特許，プリンタヘッド，制御方法，システム，インクカートリッジなどの消耗品など関連するあらゆる分野で出願し，特許網を固めています．発明者の数も当初10名以下だったのが，いまでは累積で700名を超えています．これらの活動は会社の事業戦略そのもので，いかに特許が重要な地位を占めているかがわかります．

6.1.3 特・実・意・商の知的財産を十二分に活用する：リサイクルカメラ

「写ルンです」で有名な図6.4のリサイクルカメラ（レンズ付きフィルム）は，F社から1986年に発売開始されて一躍ヒット商品となり，デジタルカメラが主流のいまでも人気商品の一つです．

開発開始時点で，「レンズ付きフィルム」というコンセプト（概念）はすでにありました[1)]．しかし，F社では，基本的な開発に成功して製品化すると，その後も，フラッシュ付き，パノラマ，接近，望遠，連写，APS（世界標準規格）対応などの多様なユーザーニーズに基づく商品を次々に開発して市場に投入し，それらについて，開発と平行して特許，実用新案，意匠，商標などの

1）US2,933,027, Beaurline, A., et al., 1951.10 出願．
NL6,708,486, Roche, B., 1966.9 出願（オランダ）．

図 6.4　リサイクルカメラ

権利を次々と取得し，総合的な知的財産網の構築に成功しました．

知的財産網のうちで特徴的な特許を紹介します．

（1）　フィルム巻き戻し不要の基本構成特許[1]

図 6.5 に，レンズ付きフィルムの基本的な構成を示します．公知例とは異なり，未露光フィルムのロール(23)と，それを巻き取る巻芯(28)を有する空の

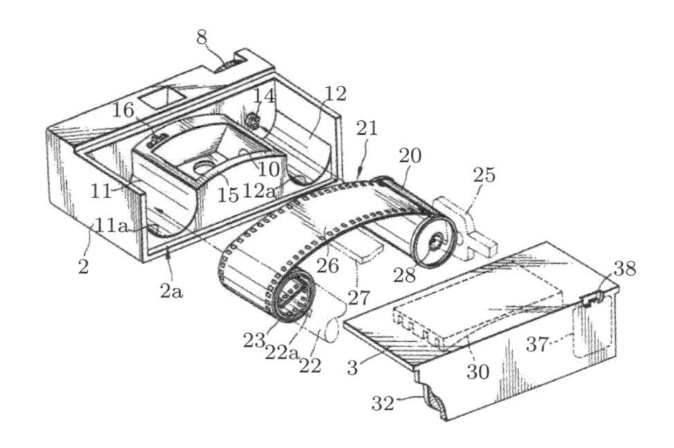

図 6.5　レンズ付きフィルムユニットおよびその製造方法

1）特公平 02-032615，持田光義ほか，1987.8 出願（1986.8 優先）．

パトローネ(20)をレンズ部分の両側に配置して，未露光フィルムの一端と巻芯(28)をあらかじめ固定し，一コマずつ撮影しながら露光フィルムをパトローネ側に巻き取り，撮影がすべて終わった後は，ロールが完全にパトローネ(20)に収納されることを特徴とする構造となっています.

通常のカメラでは,パトローネに入った未露光のフィルムをカメラに装填し,撮影ごとにロールに巻き取り，撮影終了後，パトローネに露光フィルムを巻き戻して，取り出していました．逆転の発想によって，フィルム装填の手間を省き，さらに撮影途中でユニットを分解したとき，撮影済みのフィルムを外光にさらす事故を防ぐことができています．これによって，素人のカメラ操作で頻発する「フイルム装填ミス」がなくなり,「だれでも，いつでも，どこでも簡単にきれいな写真がとれるフィルム装填済みカメラ」の商品イメージを特許技術で支えることができました.

(2) 店頭陳列のための特許[1)]

フィルム入りカメラを入れる防湿性のフィルム包装体（図 6.6）についても特許が取得されています.

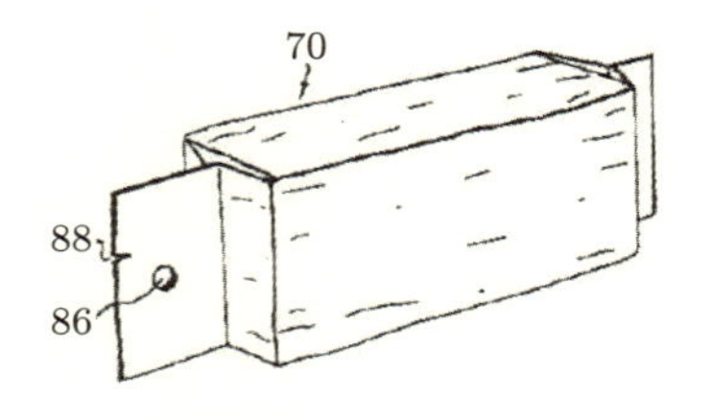

図 6.6 包装体の外観

図 6.6 に示すように，アルミ箔をポリエチレンで積層した包装体(70)に，折り曲げ自由なシール面には店頭吊り下げ用の孔(86)を設けることを権利化しています.

ライバルからの執拗な特許異議申し立て,特許庁の拒絶査定があったものの,拒絶査定不服審判で特許化に成功しています.

1）特公平 07-001380，大村紘ほか，1986.5 出願.

この発明により防湿と耐露光性が達成され，フィルムをパトローネから引き出した状態のカメラでも，過酷な店頭環境での展示販売が可能になりました．これは製品開発着手直後に出願されています．開発にあたり販売方法も戦略的に検討した優れた例です．

（3）　事業・開発・知的財産戦略

F社では，マーケット担当者も含めた社内横断的な開発チームが設置され，リサイクルカメラの開発が進められたそうです．第1号機としてISO感度100対応の「写ルンです」が販売されましたが，日中であっても曇天では露光不足となり，撮影範囲が限られ，あまり売れませんでした．それを受けて，第2号機として，高感度・高画質のISO感度400フイルムを搭載することで広範囲での撮影を可能とした，「写ルンですHi」を販売しました．これが爆発的に売れました．

このリサイクルカメラは，ユーザーにとっては使い捨てですが，商品設計の当初より「リサイクル」を前提として種々の検討が加えられています．回収し，そのまま利用する部品と，回収して原材料に変換する部品を容易に分解できる設計とし，リサイクルセンターを設置して効率的な仕分けとリサイクルを達成し，環境への負荷を軽減しながら原価低減を達成しています．

開発の当初から，次々と基本構造特許のみならず，製法，フィルム室，レンズ性能，光学系の必須パラメータ，リサイクルなどについて特許出願し，特許網を構築していきました．

特許や実用新案だけでなく，意匠や商標にも万全な権利化努力が払われています．意匠については基本形態を中心として，種々のバリエーションについて数多くの出願をし，その後の商品展開にあわせて，本意匠10件，類似意匠（1999年から関連意匠）21件の意匠登録網を形成しました．商標についてもロゴマークやネーミングに関して商標登録出願を行い，権利化しています．

戦略的な権利の活用も注目されます．権利確立の早い登録意匠を用いてライバルの類似商品進出を牽制しました．横長薄型のユニットボデーや各種商品のライバル追随商品に対する訴訟による意匠権の権利行使です．さらに，特許権の成立を待って追随ライバルメーカーに権利行使をしたようです．

リサイクル可能な構造につけ込んで，使用済みのカメラを大量に買い込んで純正部品を再利用して詰め替え品を組立・販売する業者が現れましたが，純正商品の信用を失墜させるものであったため，これについても，特許，意匠，商標などの知的財産権を利用して対抗しました．また，海外で詰め替え品を組み立て日本など権利のある国に持ち込む業者も現れましたが，これらに対しても知的財産権の利用であるとして争い，裁判所の差止判決を得ました[1)]．

以上のように知的財産網を構築し，その戦略的な活用活動を展開し，相当期間にわたってレンズ付フイルムでの市場シェア80%の確保を実現しました．

6.1.4 苦い経験を生かし，国内外に特許網を張り巡らせる：HC ミル

H 社の圧延機開発の経緯を，注目すべき知的財産戦略とともに紹介します．

(1) 油圧圧下装置（HYROP）の開発と失敗した知的財産戦略

当時，圧延機は，電動式圧下装置を使用していたため，圧下指示への応答が遅く，所望の板厚制御が困難でした．H 社の梶原利幸は，本当に必要なことはいかに速く圧下制御するかであり，そのためには油圧のような作動の速い圧下装置を取り入れることが重要だと直感します．そして，当時の常識では，圧延機に油圧装置を使用するのは非常識という風潮がありましたが，流体は所定の空間に閉じ込められている状態では剛体に近いという知見から出発して，応答の速いサーボ装置や制御弁を開発しました．この発明により，圧延機の世界に大革命が起こり，この技術は大河内記念賞を受賞し，油圧ミル時代とよばれるまでになりました．

優れた発明でしたが，この油圧圧下装置の基本となるべき特許の明細書は2ページと短く，図6.7に示すように最適な一実施例だけを開示し，特許請求の範囲もその機械式フィードバックを用いる油圧圧下装置（HYROP）の配置構成を抑えるだけのものでした[2)]．関係部品などの何件かの周辺特許出願はありましたが，基本構成に関しては，その発明の本質の究明が不十分で，電気サーボなど各種の代案を抑える出願もありませんでした．要は，油圧シリンダの位

1）平成8年(ワ)第16782号，平成12年8月31日判決．

2）特公昭38-014478，梶原利幸，1961.9出願．

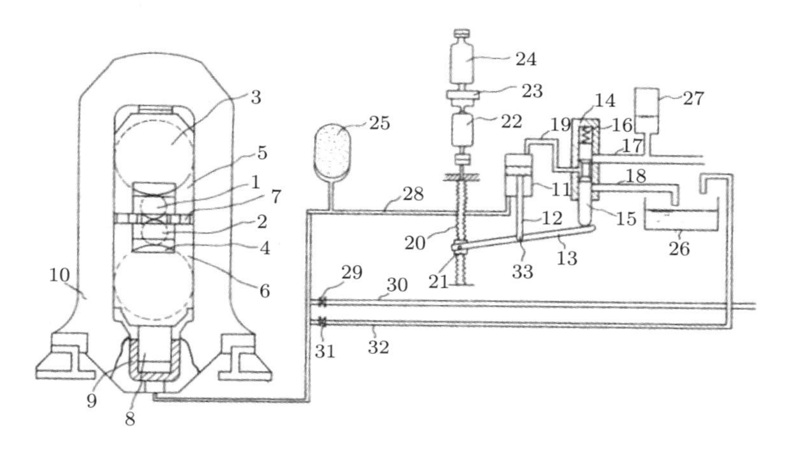

図 6.7 油圧圧下装置（HYROP）

置を正確に制御できるものであれば，どのような方法でもよかったわけです．この結果，他社に代案を実施され，激烈な販売競争が始まりました．

また，世界の圧延機メーカーがこぞって油圧圧下装置を全面的に採用したので，H 社のシェアは急落します．

結果，特許出願をしていたものの，ライバルを排除できず，知的財産戦略として失敗しました．

（2） HC ミルの開発とその知的財産戦略

圧延製造工程では凸凹の板ができることがあります．その原因は作業ロールが端に向かって曲るからだと考えられていました．

従来の圧延機では，作業ロールの曲がりを折り込んで中央部分をふくらませて研磨した何十種類ものロールを用意し，板幅に合わせてそのつど取り替える複雑な作業によって形状制御を行っていました．当時の技術では，補強ロールが曲がるから作業ロールがたわむ，補強ロールに作業ロールの数 10 倍の剛性を与えておけば作業ロールは曲がらないと信じられていたのです．

しかし，梶原は，「作業ロールがたわむのは，補強ロールがたわむからではないか」という従来の機械屋の常識からは想像もできなかった考えに至ります．そして，板幅より広い部分の接触荷重はつりあいがとれず，作業ロールに曲げ作用が生じることを発見します．作業ロールの曲がる原因が，板幅より広い作業ロール・補強ロール間の接触部にあることを解明したわけです．図6.8に「有害接触部」として示した部分です．

この課題を解決するために，補強ロールと作業ロールの間にスライドが可能な中間ロールを加えました．すなわち，図6.9に示す6段式ロールミルとし，この中間ロールを板幅方向に動かすことで，その端部を板幅とほぼ同一位置とし，有害な接触部をカットしました．上下作業ロール間に油圧力を作用させて，板の形状を微調整する従来の作業ロールベンダーの組み合わせも可能になり，これによって理想の圧延機HCミル（high crown control mill）ができあがりました．全体の構造を図6.10に示します．

HCミルの発明は，HYROPに遅れること10年，HYROPの知的財産戦略

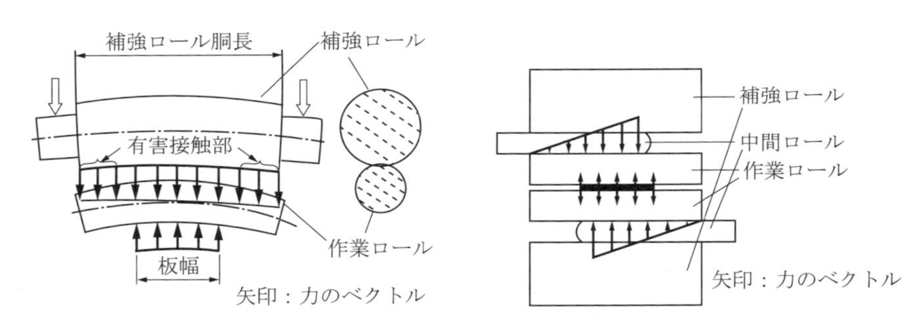

図6.8　有害な接触部分

図6.9　6段式ロールミル

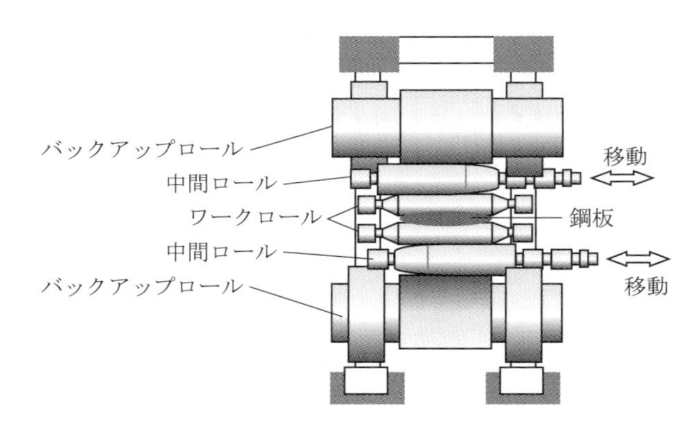

図6.10　6段圧延機の全体構造

で失敗した経験をふまえ，1971 年に特許出願されました[1)]．この発明は，HYROP 以上のセンセーションを巻き起こし，1974 年実用化に成功して以来約 10 年，他社の追随を許しませんでした．

(３) 開発部門，知的財産部門に統一一体となった国内外での特許網の構築

HC ミルの特許は，基本特許[2)] のほかに代案・変形例を含め，世界市場への進出に伴い，欧米主要国も対象に約 200 件の特許出願がされました[3)]．HC ミルの基本特許の前提には，従来の常識が誤りであるという発見があり，その解決が発明の本質・真髄で，その考えを各方面に展開して特許網が構築されました．

HC ミルは，事業化戦略にあわせて特許網を拡充させました．冷間圧延から，熱間圧延，熱間タンデムミル，厚板ミルなどに合わせて出願，HC 効果をさらに高めるミル，省エネタイプ，複合形状修正，極薄板高精度圧延などに関する発明も出願され，特許化されました．図 6.11 にその一部を示します．基本特許の HC ミルは 6 段ミルで，中間ロールと作業ロールベンダーを備えることで，圧延材の板幅全長にわたって平坦形状の制御を実現したミルです．前記 HC ミルは冷間圧延機だけでなく，熱間圧延機にも採用されています．

この HC ミルから発展し，とくに熱間圧延機用に大きな効果を発揮したのが HCW ミル（work roll shift mill. 4 段作業ロールシフトミル）です．この HCW ミルは，圧延材の平坦な形状制御だけでなく，作業ロールのシフトによるロールの磨耗分散によって作業ロールの延命化を実現しました．一時は日本国内の熱間圧延機がすべて HCW ミルに改造されました．

また，この HC ミルから発展して，とくに冷間圧延機用の高精度制御に大きな効果を発揮したのが UC ミル（universal crown control mill. 6 段中間ロールシフト + 中間ロールベンダ）です．このUC ミルは，圧延材の板幅全体に

1）特公昭 51-007635，梶原利幸，1971.12 出願．

2）特公昭 50-019510，梶原利幸，1971.2 出願．

3）「次善案はともかく，三善，四善ともなると，その出願に発明者は抵抗を感じましたが，知財部が説得して出願しました．当時は既設圧延機の改造というケースは念頭にありませんでしたが，改造のニーズが激増し，改造費用逓減のためにこれら三善，四善の案が見直された」と梶原は述懐しています．

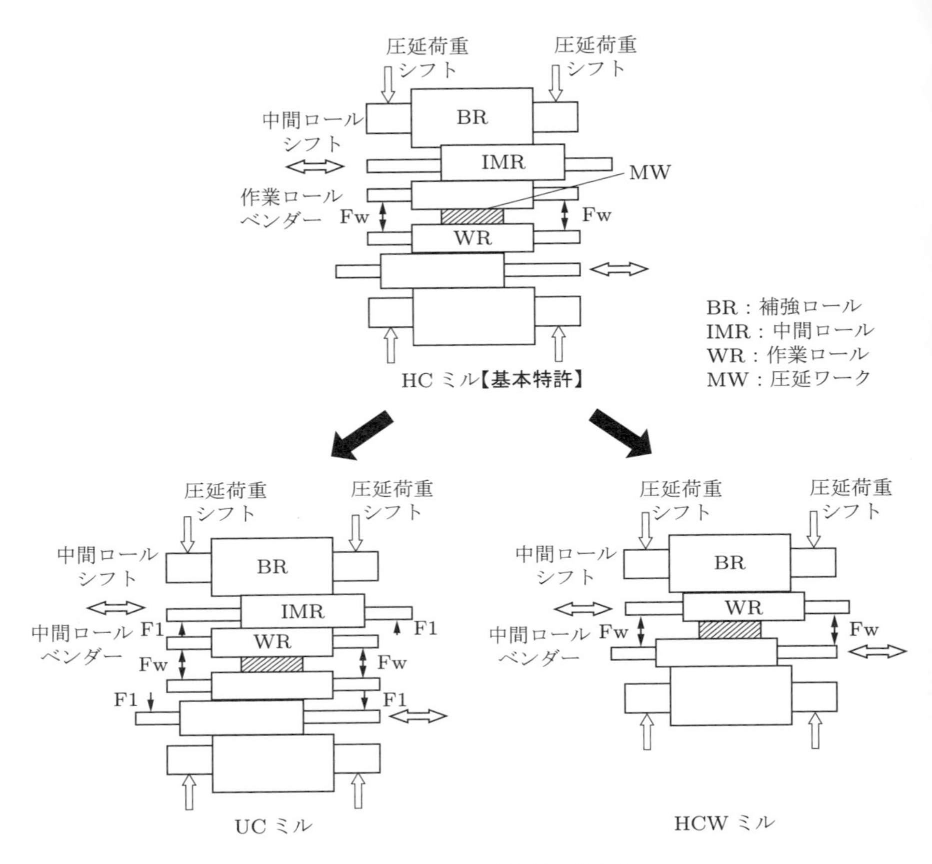

図6.11 HCミル特許網の概略図

わたる平坦な形状制御だけでなく，板幅端部の形状制御を実現する究極の高精度ミルであり，とくに高級材を制御する冷間圧延機に適用されました．

特許庁の審査では，先行特許の一実施例が外見上類似するとして拒絶されました．しかし，筆者（小川）らは審査官との面談などを通じ，新しい発見・知見に基づく構成であることを強調し，効果の絶大さを示すデータを提示して基本的な特許の取得に成功しました．

梶原が開発したHCミルの販売実績は1995年に300台を達成し，世界各国の大きな製鉄所や製鋼所で使われました．当初は事業独占で進めていましたが，10年後には国内外の主要メーカーにもライセンス許諾し，相当額の実施料収入を得る戦略に変更し，知的財産戦略として大きな成功を収めるに至りました．

知的財産立社の出発点は個人の独創性にある

知的財産によって会社の繁栄を図る（知的財産立社）には，独創的な開発が必要不可欠です．それには，組織もさることながら，独創的な人が欠かせません．HCミルの開発者である梶原利幸は，このような点から優れた研究者であるといえます．そこで，梶原から筆者（小川）が直接聞いた参考となるものの考え方をまとめておきます．

① **お客さまのために世界一の機械をつくる**

「ものをつくる立場で考えれば，お客さまがもっとも喜ぶ機械を提供したい．それには世界一流では駄目で，世界一でなければならない．世界一のものをつくるアイデアは絶対に常識の中にはない」

② **疑問をもつ**

「疑問をもつことがすべてで成否の鍵となる．詰め込まれた知識では駄目で，自らの湧き出る疑問によって知識が得られなければならない．良い新製品は良い疑問から生まれる．良い疑問は他人よりも深い，より基本的な比較検討から生まれる」

③ **物理現象の実相を掴む**

「物理現象に直接またはもっともよく体験している人(オペレーターなど)に接触することが大事である．そして，本当にわかっていることと，わかっていないことを明確に区別しなければならない．そこから新たな疑問も生まれる」

④ **想像だけでできないと諦めない**

「アイデアを捨て去る理由の大きなものは技術的困難性であり，専門家ほどその困難性の多くを見つけることができ，さらにそれを人に説得する力も強い．しかし，そこで引き下がったら駄目である．技術課題を解決する武器は年と共に進歩する」

⑤ **真の創造力はタブーを打ち破らなければ得られない**

「タブーには二つの種類がある．神様がつくったタブーと人間がつくったタブーである．問題なのは，人間がつくったタブーであって，前例とか専門家の意見などの常識である」

⑥ **強烈な目的意識意欲がことの成否を決める**

「目的達成に一念を掛けることによって自己を超越でき，ことを成し遂げることができる」

6.2 世界を相手にするための知的財産戦略

小さな島国である日本の生き残る道は世界との連携と協調しかありません．日本を取り巻く環境と海外出願について簡単に説明します．

6.2.1 日本を取り巻く環境

(1) メガコンペティション

日本の国土は，世界の陸地の約400分の1です．また，人口は世界の約40分の1です．日本には山林が多く，国土に占める平地の割合は約15%であり，道路などの公共用地を除くと，国民一人あたりの平地利用可能面積は約100坪（約330 m^2）に過ぎないといわれています．天然資源も少なく，人的資源頼りの国といえます．

これまで，日本は豊富で質の優れた労働力とノウハウとを結びつけて培われた製造技術の優位性がありました．さらに，新市場への多数の企業参入がある中で激しい競争を通じて磨き上げられた高品質と低コストの製造技術がありました．かつては，これにより世界市場を掌握し，一時はGNPも世界の約15%を占めるほどでした．しかし，現在では中国を含むアジア諸国が急激に発展してきており，生産コストの差により，ハードのみならずソフトの生産においても日本の空洞化が懸念されています．加えて，低出生率のため，急速に労働者の老齢化が進みつつあります．

このため，これからはグローバルな視点に立ってビジネスを進めていく必要があります．したがって，世界を相手にした知的財産戦略が要求されます．

(2) アジア諸国の台頭

韓国は，製品の輸出拡大によって国を興す政策をとっています．韓国企業は近年，米国などの主要輸出国において，特許侵害訴訟などの当事者となる事例が急増（2011年に300件）しています．韓国政府は官公庁の総力をあげて，韓国企業の国際知財競争力強化の支援をする活動に取り組んでいます．また，韓国の主要企業は海外出願を積極的に進めており，S社は韓国出願の100%を米国に出願する方針を採っているといわれ，2013年の米国特許取得件数は米国のI社についで第2位となっています.

中国は，これまでは模倣品大国と非難されてきましたが，2020年までには中国経済を知識集約型に転換し，自主創新型国家になることを目標に掲げています．そのための施策として，知的創造活動の活性化に取り組み，その成果は目覚ましいものがあります．2012年の特許，実用新案，意匠をあわせた出願件数は日本の約3倍の200万件強となっており，2015年には250万件を目標にさまざまな支援策を打ち出しています．それらの出願の中身は玉石混淆と思われますが，これらの活動を通じて得られる経験は，将来にとって大きな力になると考えられます.

6.2.2　海外出願

グローバルにビジネスを進めるためには，海外戦略に呼応した**海外出願**が必要です．ここでは，海外出願のパリルートやPCTルートについて簡単に説明します.

(1)　海外特許などの出願戦略

優れた発明をし，日本で特許を取得しても，世界の他の国には，日本の特許の効力は及びません．特許権の効力が及ぶのは，特許権を取得した国の領域内に限られ，その領域を超えて他国にまで及ぶものではないからです．これを**属地主義**といいます．各国に出された特許出願はそれぞれの国の国内法によって特許とすべきかどうか判断されます.これを**各国特許の独立の原則**といいます.米国で権利を取得したければ米国に，中国で権利を取得したければ中国にそれぞれ特許出願しなければなりません．その一方で，日本に特許出願した場合，その発明の情報は18ヶ月後には公開され，IT網によって世界中に公開されます．したがって，日本のみにしか特許出願しなかった発明については，海外ではその発明情報を確認したうえで自由に利用できてしまうことになります.

こうしたことから，世界でその発明の権利化を図ろうとすれば，特許制度を有するすべての国に特許出願をしなければなりません．しかし，海外への特許出願には，翻訳費用や海外代理人手続き費用など多額の費用が必要となり，権利化や権利維持にはさらなる費用が加算されます.

そこで，市場動向，自社およびライバルの海外企業活動などを考慮しながら，最適な海外特許などの出願を行うための戦略をもつことが重要となります．海外出願の目的としてはつぎのものが考えらます．

① 自社事業の維持・拡大
② 新規市場への参入
③ 他社生産の差止・阻止
④ ライセンス料獲得
⑤ 子会社・関連会社からの技術料回収
⑥ 新規市場開拓
⑦ クロスライセンスの材料獲得

上記目的を念頭に置きつつ，海外出願候補国が現在の自社の市場国・将来市場国かまたは生産国・将来生産国か，他社の市場国かまたは生産国・生産予定国かを検討し，さらに知的財産権に関する各国の現状・将来予測を考慮しつつ，出願国を決定します．

特許行政年次報告書2006年度によると，国内に出願された発明のうち海外にも出願される割合は，日本で約21%，米国で約44%，欧州で約60%です．

日本では費用対効果の予測という観点から外国出願の絞り込みを行っている場合が多く，外国出願の割合が低くなっているようですが，この結果，出願しないことにより後で後悔する例も少なくありません．

日本の外国出願比率が低いのは，なぜでしょうか．日本では，複数の企業が近接した技術を同時に開発して事業を行う傾向にあります．その結果，細かい特許出願が増えているのではないかと思われます．これは激しい競争裡に身をさらし，高品質と低コストの競争力の源泉ともなりますが，この慣行は不必要な競争を生み，事業の利益率を著しく低下させている面も否めません．一方，欧米の企業は，独創性の高い技術を追い求めているようです．

農耕民族である日本人は，いつも隣近所の田畑を見ながら，同時期に同種の作物の植え付けを行う習性がある一方，狩猟民族である欧米人は，こっちで獲物を狙っている者がいれば，そっちに行くのは止めて，あっちで獲物を狙うという習性があり，それが事業活動にも現れる，という識者もいます．この指摘は，知的財産を取り巻く状況を考えれば，的を射ていると思えます．

（2） 海外出願手続きとルートの選択

外国で特許を取得するためには，その国の特許庁に，その国の国内法に基づき，その国の言語で所定の出願書類を作成し，その国の出願代理人を介して出願する必要があります．

外国出願書類の作成には手間と時間が掛かり，それを解決するために国際的な条約が取り決められており，日本も加盟しています．

パリ条約に基づく海外出願（パリルート）

発明は1カ国においてだけ利用されるものでなく，広く国際的に利用されることによって，世界の国々の人々の生活を豊かにしていくものです．

産業の発達につれ知的財産権の国際的な保護の必要性が高まりました．1883年，各国の領土主権の原則を是認しながら特許などの知的財産権制度の国際的な利用促進を図るためのパリ条約が成立しました．2014年12月現在の加盟国数は176カ国です．

パリ条約には，いわゆる3大原則といわれるものがあります．それは，「内国民待遇」，「優先権制度」，「各国特許の独立の原則」です．ここでは，出願手続き上，重要な優先権制度を説明します．

パリ条約では，同盟国の一国にした最初の出願をもとにして，後に他国へ出願した場合でも，特許・実用新案は最初の出願から12ヶ月以内，意匠，商標は6ヶ月以内になされれば，最初の出願をした日に出願を行ったものと同様の効果を与えると定めています．これを**優先権**といいます．

したがって，日本特許出願から12ヶ月以内にパリ条約同盟国に優先権を主張して海外出願すれば，日本出願日を基準として，その国で新規性や非容易性の審査がなされるので，出願人には時間的な余裕ができます．一般的には，時間的な余裕をもって，日本出願時やその6ヶ月後から遅くとも10ヶ月後までには海外出願の要否を検討するのが普通です．12ヶ月経過後に海外出願が必要になった場合は，優先日は確保できないので，その国への出願日をもとに審査されます．

特許協力条約に基づく国際出願（PCTルート）

特許協力条約（Patent Cooperation Treaty：PCT）は，出願の受付，先行技術調査，審査に関する合理化と特許情報についての普及のための条約です．

PCT はパリ条約に代わるものではなく，パリ条約を尊重しつつ，さらに一歩踏み込んで海外出願の便宜を図るもので，出願人は各国ごとに異なる出願書類を作成するという手間を省くことができます．

PCT ルートでの出願では，出願人がその発明について所定の様式で，日本特許庁など所定の機関に提出すれば，指定した国に出願したものと同様の効果が与えられます．2004 年 1 月以降の出願日をもつものは，すべての PCT 加盟国を指定したものとみなされます（2014 年，148 カ国加盟）．

PCT ルートでの出願がなされると，国際調査という先行技術調査がなされ，出願人に送付されます．出願人は国際予備審査を請求することもできます．出願から 18 ヶ月後には出願内容と国際調査内容が公開されます（国際公開）．

出願後 30 ヶ月以内に最終的に権利を取りたい国を決め，その国の言語で翻訳文を提出します．これを国内移行といいます．国内移行されたその国の特許庁は審査を行い，特許または拒絶などの最終的な決定をくだします．

以上からわかるように，海外出願方法にはつぎの三つの方法があります．

① 国内で特許出願した後，12 ヶ月以内にパリ条約の優先権を主張して外国に出願するパリルート

② 日本特許庁に出願することで，すべての PCT 加盟国に対して正規の国内出願効果が得られる PCT ルート

③ 各国に個別に出願するルート

どの国に出願するかは 6.2.2 項で説明した出願戦略で決められますが，一般には出願国数が多いときは PCT ルート，出願国数が 1，2 と少ないときはパリルートを選択します．これは，PCT ルートは最終的に費用のかかる国内移行まで 30 ヶ月間の余裕があるため，その発明の重要性や市場性の見極めができ，さらに国際調査結果を要否判断に利用できるメリットがあるからです．

近年，PCT ルートが大幅に伸びていますが，最初の出願費用は高くつきます．そのため，PCT ルートは，発明価値を評価するための時間を買うという意識に基づく判断といえるでしょう[1)]．

1) パリルートと PCT ルートの比較や利害得失については，特許庁が毎年無料で開催している知的財産権制度説明会（初心者向け）のテキストを参照するのがよいでしょう．

演習問題の解答例

【第3章】

演習3.1　金属製の灰皿

解表3.1　金属製の灰皿の効果とその理由

効果	なぜか	灰皿特有か
軽い	比重が小さい	No
量産できる	薄く加工できる，プレス加工性が良い	No
落としても割れない	靭性が大きい	No
積み重ねができる	傾斜部のある容器	Yes
タバコの火が消える	熱伝導率が高くタバコの温度が下がる	Yes
タバコの火が消えない	熱伝導率が高く灰皿の温度が上がる	Yes
…		

「軽い」「量産できる」「落としても割れない」などの利点は，金属製の鍋にもあるので灰皿特有とは言い難く，「積み重ねができる」「タバコの火が消える」「タバコの火が消えない」などの利点は灰皿特有といえるでしょう．灰皿特有で予想外の効果があれば特許される発明になります．また，それら灰皿特有の利点が，なぜ生じるかを検討して発明の本質を把握します．

◆なぜ，積み重ねができるか　容器部が上に開いた傾斜部を有するからでしょう．このような形状にするとプレス加工性も良くなるので，プレス加工との組み合わせで考えると発明の効果がさらに増すかもしれません．このように新しい効果が見つかれば，発明として捉えることができます．

◆なぜ，タバコの火が消えるのか　金属の熱伝導率は陶器に比べて数十倍ほど高く，つば部の熱容量が大きいと，タバコの火が灰皿のつば部に接すると火の熱が急に失われ，温度が下がるので火が消えるのでしょう．

◆なぜ，タバコの火が消えないのか　タバコの火がアルマイト製などの熱容量の小さい金属製のうすいつば部に接すると，火の熱がつば部に伝わり高熱伝導率の金属つば部の温度が上がって，タバコの火はそのまま消えないで燃えるでしょう．つば部の何が関係するのでしょうか．

以上のように**なぜ，なぜ**といろいろ考えることが大切です．

演習 3.2 六角形鉛筆

解表 3.2 六角形鉛筆の効果とその理由

効果	なぜか	鉛筆特有か
転がらない	転がりに対する抵抗部がある	Yes
3 本の指で持ちやすい	3 本の指のつくる角度にフィットする	Yes
収容量が増える	平面をすきまなく満たすことができる	Yes
印字しやすい	平面部分がある	Yes
⋮		

演習 3.3 中央二分割の掃除機

解表 3.3 中央二分割掃除機の効果とその理由

効果	なぜか	掃除機特有か
ごみがこぼれず衛生的	・クランプを外すと V 字形に開く ・本体ケースの重心が後方にある	Yes
ごみ捨てが容易	・集塵ケースが本体から容易に外せてケースごとごみ捨て場に持参できる	Yes
金型が安くなる	・本体，集塵ともにケース寸法が短い	No
モールド不良が少ない	・樹脂の流動距離が短くなる ・成形品が容易に金型から離脱する	No
⋮		

◆なぜ，ごみがこぼれないのか　クランプを外すと本体ケースと集塵ケースが V 字形に開きます．とくにダストケースの開放面が上向きとなるので，フィルタからこぼれたごみも集塵ケースで受けることができます．

◆なぜ，V 字形に開くのか　クランプを外すと，本体の重心が車輪の後方に移動して本体が自動的に後方に傾き，集塵ケースも引っ掛け部を介して前方に傾けられ，集塵ケースと本体ケースは V 字形に開きます．これは掃除機特有の効果であり，他の従来技術もないことから掃除機の発明として特許を受けることが可能となります．

◆なぜ，ごみ捨てが容易なのか　集塵ケースが本体ケースに対して，上方のクランプと下方の引っ掛け部で連結しているため，クランプを外すと簡単に集塵ケースは本体ケースから取り外すことができます．したがって，集塵ケースはごみ袋を収納した状態でごみ捨て場に持っていくことができるので，室内にごみを飛散させることがなく，衛生的にごみ捨てができます．これも掃除機特有の効果です．

これらの掃除機特有の効果を生み出す新規な構成は，掃除機として十分に特許性を有するものといえます[1)]．

【第４章】

演習 4.1　六角形の鉛筆 1

新しい効果：転がらない（解図 4.1 参照）

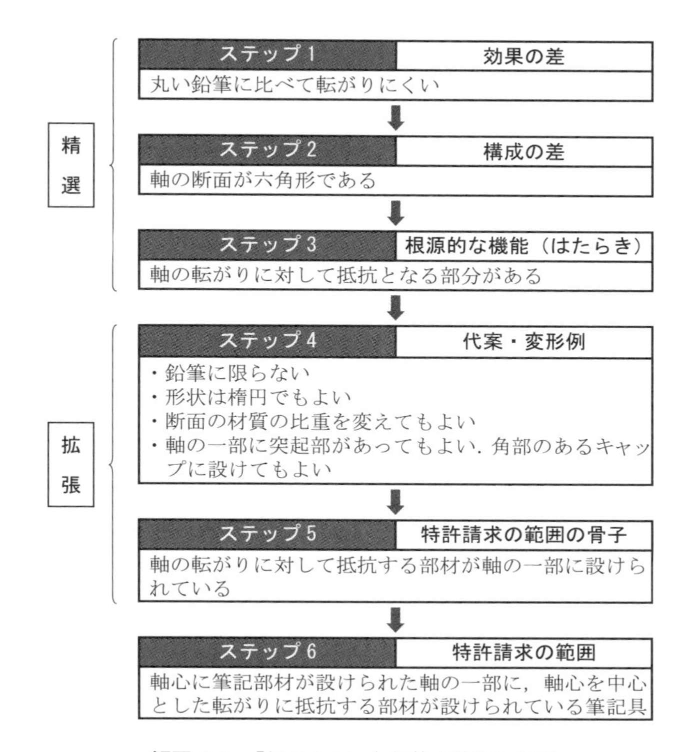

解図 4.1　「転がらない」鉛筆の精選と拡張

1）本発明は実用新案登録第 1168668 号（実公昭 46-036846 出願，武井久男ほか，1968.3 出願）として登録されています．

◆ステップ１　丸い鉛筆に比べて転がりにくくなりました．

◆ステップ２　軸の断面は六角形です．

◆ステップ３　なぜ転がらないか．重心から外周までの距離が少なくとも 1 箇所で変化し，転がりに抵抗しています．より根源的な機能（はたらき）は，「軸の転がりに対して抵抗となる部分がある」となります．

◆ステップ４　代案・変形例としては，解図 4.2 のように，根源的な機能（はたらき）を行うものなら何でもよいことになります．

- 鉛筆に限らず，筆記具が対象となる．
- 形状は楕円でもよい．円形で断面の材質を変えてもよい．
- 軸の一部に凸部を設けてもよい．
- 角部のあるキャップをかぶせてもよい．四角い消しゴムを付けてもよい．
- 筆記具の軸を曲げてもよい．

断面形状を変える

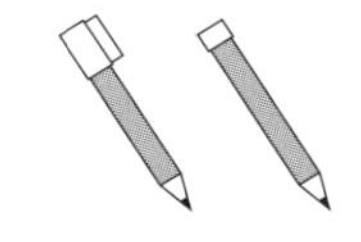

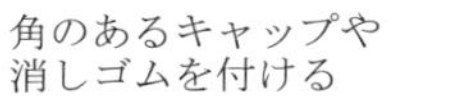

上下の比重を変える

解図 4.2　代案・変形例

◆ステップ５　根源的な機能（はたらき）と代案・変形例を総合して「軸の転がりに対して抵抗する部材が軸の一部に設けられている」となります．

◆ステップ６　特許請求の範囲としては，鉛筆以外のペンも含めるようにして，「軸心に筆記部材が設けられた軸の一部に，軸心を中心とした転がりに抵抗する部材が設けられている筆記具」となります．

演習 4.2　六角形の鉛筆 2

新しい効果：握りやすい（解図 4.3 参照）

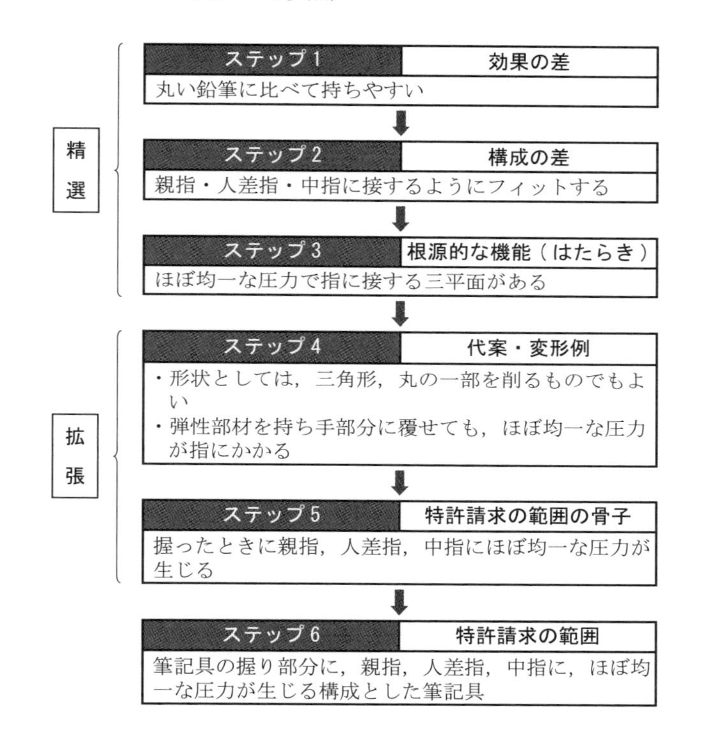

解図 4.3「握りやすい」鉛筆の精選と拡張

◆ステップ 1　丸い鉛筆に比べて持ちやすくなりました．

◆ステップ 2　親指，人差指，中指に接するようにフィットします．

◆ステップ 3　なぜ，フィット感が生じるか．三平面となっているので，ほぼ均一な圧力が指に生じているからです．

◆ステップ 4　形状としては，三角形，丸の一部を削るものでもよいことがわかりました．ほぼ均一な圧力が指にかかるものとしては，形状だけでなく，弾性部材を持ち手部に覆せてもよいことがわかりました（弾性体グリップ）．

◆ステップ 5　「握ったときに親指，人差指にほぼ均一な圧力が生じる」が骨子となります．

◆ステップ 6　「筆記具の握り部分に，親指，人差指，中指にほぼ均一な圧力が生じる構成とした筆記具」となります．

演習 4.3 掃除機

新しい効果：V 字形に割れるのでごみ処理が容易である（解図 4.4 参照）

精選

ステップ 1	効果の差
ごみ処理が簡単で衛生的な掃除機	

↓

ステップ 2	構成の差
本体ケースと集塵ケースを係止金具とクランプで脱着可能とし，連結面が V 字形に開くようにする	

↓

ステップ 3	根源的な機能（はたらき）
・クランプを外すと本体ケースの重心が移動して連結部が V 字形に開き，ごみがこぼれない ・V 字形に割れた上から係止金具を見ながら，集塵ケースを容易に着脱できる	

↓

拡張

ステップ 4	代案・変形例
・V 字形に開く他の方法は？ ✓本体ケースを強制的に後方に傾ける把っ手部，または足掛け部を設ける ・集塵ケース脱着の他の方法は？ ✓脱着自在のいろいろな機構やクランプ	

↓

ステップ 5	特許請求の範囲の骨子
本体ケースと集塵ケースを下方の係止具と上方のクランプで脱着自在に連結し，上方のクランプを開放することにより，連結面が V 字形に開く構成	

↓

ステップ 6	特許請求の範囲
・本体ケースと集塵ケースを下方の係止具と上方のクランプで着脱自在に連結してあり，本体ケース自体の重心が車軸の後方にある掃除機 ・本体ケースと集塵ケースを下方の係止具と上方のクランプで着脱自在に連結してあり，本体ケース自体の重心が車軸上または前方にあり，本体に把っ手または足掛け部を設けた掃除機	

解図 4.4 掃除機の精選と拡張

◆ステップ 1　ごみ処理が簡単で衛生的な掃除機ができました．

◆ステップ 2　主たる構成要素は，電動機を収納する本体ケース，集塵袋を収納する集塵ケース，集塵ケースを本体ケースに着脱自在に取り付ける係止具（引っ掛け具）とクランプです．

◆ステップ3　上のクランプを外すと下の係止具が支点となって本体ケースと集塵ケースがＶ字形に開くことで，ごみがこぼれないことが確認できます．

さらに注意深く観察すると，本体ケース自身の重心がクランプを外すことにより車輪の後方に移動し，本体ケースが後方に傾き，これによって集塵ケースの開口部が係止具によって押し上げられて自働的にＶ字形に開くことが確認できます．

また，集塵ケースが係止具の取り外しにより容易に本体ケースから分離できるので，集塵ケースごとゴミ捨て場に持っていくことができ，ごみがこぼれず衛生的であることも確認できます．

◆ステップ4　要するに，本体ケースと集塵ケースがＶ字形に開けばよいので，必ずしも本体ケース自身の重心が車輪の後方でなくても使用者によって強制的に開くことができればよいことに気がつきます．他の例に示しているように，本体ケース自身の重心が車輪の前方にあっても，手や足で強制的に後方に傾けるものも容易に考えられます．

◆ステップ5　集塵ケースの着脱手段は，他の例もあるかも知れません．そこで，本体ケースと集塵ケースを下方の係止具と上方のクランプで着脱自在に連結したことを共通の前提となる構成として，特許請求の範囲の骨子としては，上方のクランプ開放で連結面がＶ字形に開く構成となります．

◆ステップ6　特許請求の範囲としては，特許請求の範囲の骨子と前提条件を組み合わせて，つぎのようにまとめます．

① 本体ケースと集塵ケースを下方の係止具と上方のクランプで着脱自在に連結し，本体ケース自体の重心が車軸の後方にある掃除機

② 本体ケースと集塵ケースを下方の係止具と上方のクランプで着脱自在に連結し，本体ケース自体の重心が車軸上または前方にあり，本体ケースに把手または足掛け部を設けた掃除機

この二つの発明は，相互に技術的な関係があるので，一件にまとめて出願することも可能です．しかし，②は，使用者が本体ケースを強制的に傾けるもので，①とは異なる技術思想の発明とも考えられます．それぞれの特許性をはっきり打ち出すために別出願をするのがよいでしょう．実際，別の単独の権利として成立している参考例があります．

① に基づいた特許請求の範囲の例（請求項１）

車輪を有する本体ケースと，この本体ケースの前端下部に設けられ支点となる係合部と，同じく本体ケースの前端上部に設けられた掛け金（クランプ）と，前記係合部と掛け金（クランプ）とによって前記本体ケースに着脱自在に取り

付けられ，かつ前輪を有する集塵ケースとを備え，前記本体ケースと集塵ケースとの結合状態での重心位置が前記車輪の軸心より前方に位置し，かつ，前記本体ケースそれ自身の重心位置が前記車輪より後方に位置するようにし，上記掛け金（クランプ）を外したとき上記本体ケースと集塵ケースとの結合面が前記係合部を支点として開くように構成したことを特徴とする電気掃除機.（実公昭 46-36846 号参照）

② に基づいた特許請求の範囲の例（請求項 1）

電動送風機を収納した本体ケースと，この本体ケースの前部に着脱自在に取り付けられた集塵ケースを備え，前記本体ケースの重心位置を前記集塵ケースを取り除いた状態において，その前部に位置させると共にこの重心位置の近傍またはそれよりも後方に車輪を設け，排気口を本体ケース後方に設けたことを特徴とする電気掃除機.（実公昭 46-017341 参照）

演習 4.4　芝刈機 1

新しい効果 1：芝刈りの高さを微調節できる（解図 4.5 参照）

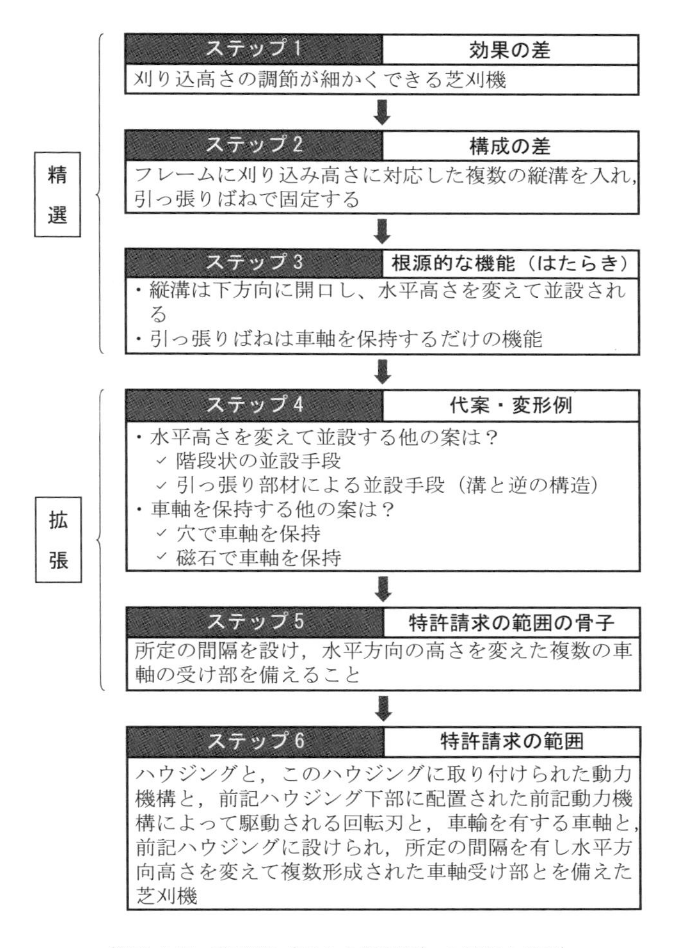

解図 4.5　芝刈機（高さの微調節）の精選と拡張

演習 4.5　芝刈機 2

新しい効果 2：高さ調節の操作力が小さい（解図 4.6 参照）

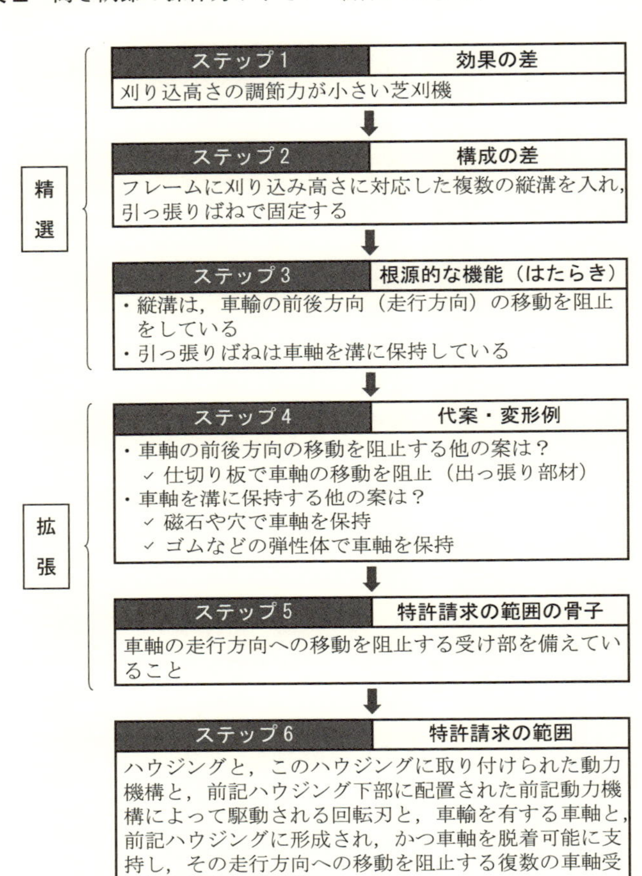

解図 4.6　芝刈機（調節の操作力）の精選と拡張

演習 4.6　エスカレータ

新しい効果：欄干を全部透明にする（解図 4.7 参照）

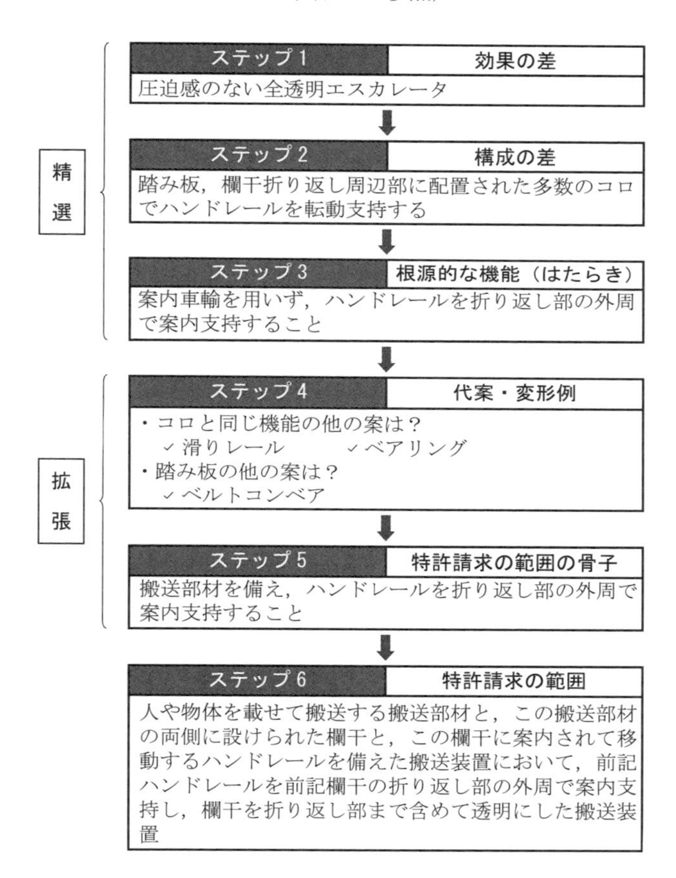

解図 4.7　エスカレータ

演習 4.7　円錐 1

一定の底面積と高さを有する立体として円錐を発明した場合について，図を見ながら，精選と拡張をしてみましょう[1)]．円錐を具体的かつ多面的に観察してみると，いろいろな公知例を想定した場合に，公知例には存在しない効果があることに気がつきました．それぞれの効果に基づき，つぎに示す順序で発明の精選と拡張をしてみます．

① 取りたい事柄（人に真似されたくない効果）をはっきりさせる
② 具体的になぜその効果が生まれているか究明する
③ 多面的に見る
④ 見つけた「新しい効果」を中心に発明をつくり上げる

（1） 安定性に着目した発明のケース（安定性）（解図 4.8）

発明した円錐は，一定の底面積と高さをもつ立体としてすでに知られている円柱や三角柱に比較して，地震などでも転倒せず高い安定性を有していることがわかりました．発明者が発明品として円錐しかイメージしていない場合，その特許請求の範囲は，円錐をそのまま素直に表現した「円錐形状の物体」となることでしょう．このように代案を考えないで出願した場合は狭い技術的範囲となってしまいます（ⅰ）．自分の円錐の発明をカバーしている技術的範囲で十分と思うかもしれませんが，戦略的に活用できる特許にはなりません．

このような特許を創生するためには精選・拡張が必要です．すなわち先に述べた「効果からのアプローチ」で広い技術的範囲を創造することができるのです．

（ⅱ）で円錐は安定しており，倒れにくい効果があることがわかりました．なぜ安定して倒れにくいのかを考えれば「重心が高さの半分よりも下にある」ことに気が

（ⅰ）精選と拡張をしない場合 → 狭い

発明品	公知例	効果	実施例を権利化	含まれるもの
 イ	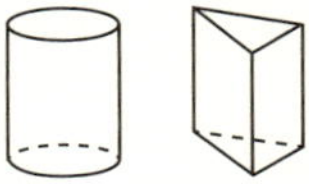	安定している（倒れにくい）	円錐形状の物体	イ

（ⅱ）安定性の効果から精選と拡張をした場合 → 広い

効果	効果の要因	代案・変形例	代案を含む特許請求の範囲	含まれるもの
安定している	重心が下にある	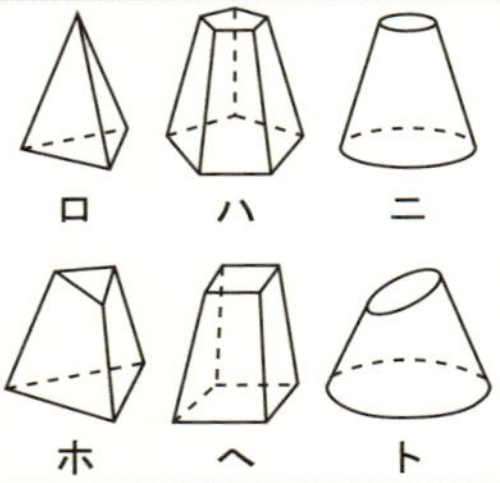 ロ ハ ニ ホ ヘ ト	重心が高さの中間点よりも下にある物体	イ〜ト

解図 4.8 円錐の精選・拡張（1）

つくはずです．つぎに，重心が下にある物体の代案・変形例を考えて見ましょう．すると，三角錐(ロ)，五角錐台(ハ)，円錐台(ニ)，三角錐台(ホ)，四角錐台(ヘ)，上面が傾斜した円錐台(ト)などがあることがわかりました（このほかに，筒状円錐や筒状円錐台も考えられます)．これらの代案・変形例を含む「重心が高さの中間点よりも下にある物体」で特許請求の範囲を作成します．この出願は物体(イ)～(ト)を含む広い特許請求の範囲で活用性の高い特許になります(ii)．この場合，図面や明細書にはそれぞれの代案・変形例の形状を詳しく記載しておくことが必要になります．

(2) 転がり続けない（非転動性）（解図 4.9）

円柱と球体の二つの公知例があるとします．公知例との違いを見つけるために，発明した円錐を転がしてみると，頂点を中心にして回転するために狭い範囲で転がり，遠くに転がり続けないこと（非転動性）がわかりました．しかし，いろいろな代案・変形例を考えない場合の技術的範囲は「円錐形状の物体」と狭いものになり活用性の乏しいものになるでしょう(i)．

広くて活用性の高い特許に仕立てるために再び精選・拡張をしてみましょう．非転動性は何によってもたらされるのか．まず気がつくことは円錐のように上下で物

(i) 精選と拡張をしない場合 → 狭い

発明品	公知例	効果	実施例を権利化	含まれるもの
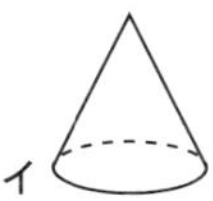 イ	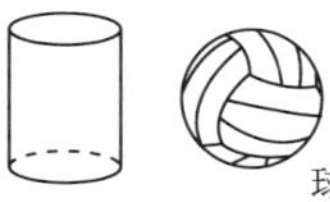 球	転がり続けない（非転動性）	円錐形状の物体	イ

(ii) 転がり続けない効果から精選と拡張をした場合 → 広い

効果	効果の要因	代案・変形例	代案を含む特許請求の範囲	含まれるもの
転がり続けない（非転動性）	上下で径が異なっている	 ロ　ハ　ニ	高さ方向で径が異なる物体	イ～ニ
	重心が径方向に偏っている	 ホ　ヘ　ト　チ	重心が径方向に偏っている物体	ホ～チ

解図 4.9 円錐の精選・拡張(2)

体の径が相違していることです．一方，重心が一方に偏っている別の要因にも気がつきます．つぎに，これらの要因を満たす物体を考えてみます．

径が相違するものとしては，円錐台(ロ)があり，さらに発展形としてボーリングのピン(ハ)，グラス(ニ)，などがあります．また，重心が径方向に偏っていて転がりにくいものとして，円筒の半分を斜めにカットしたレシート立て(ホ)，円柱の半分を斜めにカットしたもの(ヘ)，上方を斜めにカットした円錐筒体(ト)，さらに肉厚の違う円筒(チ)などもあることがわかりました．

これらの代案・変形例を含む「高さ方向で径が異なる立体，および重心が径方向に偏っている物体」をそれぞれ別の発明として特許請求の範囲を作成します．一つの出願は物体(イ)～(ニ)をカバーする特許請求の範囲，他の出願は物体(ホ)～(チ)をカバーする特許請求の範囲を作成することができ，結果として活用性の高い特許出願になりました(ii)．この場合もそれぞれの物体の形状や特徴を図面や明細書に詳しく記載しておきましょう．

(3)　旋盤加工が容易にできる（加工性）（解図 4.10）

つぎに，加工性の効果に着目したケースを考えてみましょう．発明品の円錐は公知例の角柱や三角錐に比べて旋盤で容易に加工できることがわかりました(i)．加工性が容易である要因は，物体の断面が真円であることです．そこで，外周あるいは内周が真円である代案・変形例を考えると，円柱(ロ)，円筒(ハ)及び真円の穴を有

(i) 精選と拡張をしない場合 → 狭い

発明品	公知例	効果	実施例を権利化	含まれるもの
 イ	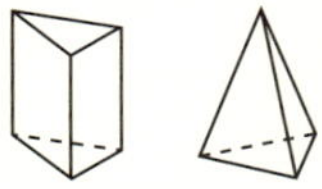	旋盤加工が容易である	円錐形状の物体	イ

(ii) 旋盤加工が容易である効果から精選と拡張をした場合 → 広い

効果	効果の要因	代案・変形例	代案を含む特許請求の範囲	含まれるもの
旋盤加工が容易である	外周または内周が真円である	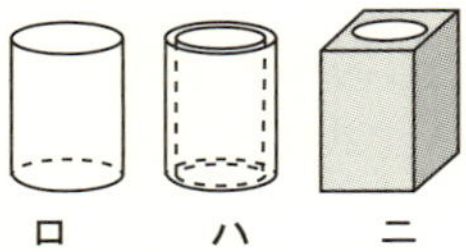 ロ　ハ　ニ	外周または内周部に真円をもつ物体	イ～ニ

解図 4.10　円錐の精選・拡張(3)

する角柱(ニ)などがあります. これらをすべて含む「外周あるいは内周が真円の物体」を特許請求の範囲とします(ii).

このように良い発明が生まれた場合は, 一つの発明実施例をカバーする特許だけでなく, 精選・拡張の手法を用いて他の実施例も包含し, 真に活用できる特許につくり上げるようにしましょう. ブレーンストーミング[1]や弁理士などと一緒に検討するのも良いでしょう.

1) アレックス・F・オズボーンによって考案された会議方式のひとつ. 集団でアイデアを出し合うことによって相互交錯の連鎖反応や発想の誘発を期待できます.

参考文献

[1] 「知的財産権入門」特許庁，平成 21 年度.
[2] 「特許法概説（第 13 版）」吉藤幸朔，（補訂）熊谷健一，有斐閣（1998).
[3] 「特許の知識」竹田和彦，ダイヤモンド社（1988).
[4] 「特許がわかる 12 章」竹田和彦，ダイヤモンド社（2005).
[5] 「発明　特許法セミナー（1）」兼子一ら，有斐閣（1969).
[6] 「標準特許法（第 2 版）」高林龍，有斐閣（2005).
[7] 「特許法（第 2 版）」中山信弘，弘文堂（2012).
[8] 「失敗百選」中尾政之，森北出版（2005).
[9] 「特許明細学」山田康生，経済産業調査会（2006).
[10] 「よくわかる特許―発明・制度・出願」佐藤秀一ほか，オーム社（2006).
[11] 「知的財産権百科」稲見忠昭，オーム社（2006).
[12] 「発明成金」別冊宝島編集部，宝島社（1999).
[13] 「知られざる特殊特許の世界」稲森謙太郎，太田出版（2000).
[14] 「あなたもできる！発明で儲けろ !!」平井工，ロングセラーズ（2001).
[15] 「図解入門ビジネス　最新知財戦略の基本と仕組みがよーくわかる本」，石田正泰ほか，秀和システム（2006).
[16] 「女性発明家の着想に学ぶ」森野進，発明協会（2005).
[17] 「さあ，発明家の出番です！」藤村康之，風媒社（2002).
[18] 「新版アイデアを買う 2000 社」豊沢豊雄，実業之日本社（2006).
[19] 「理系のための法学入門　改訂第 5 版」杉光一成，法学書院（2003).
[20] 「馬鹿で間抜けな発明品たち」デッド・バンクリーブ，主婦の友社（2004)
[21] 「知っておきたい特許法」工業所有権法研究 Gr，朝陽会（2006).
[22] 「産業財産権標準テキスト（総合編）」特許庁，工業所有権情報・研修館（2008).
[23] 「産業財産権標準テキスト（特許編）」特許庁，工業所有権情報・研修館（2008).
[24] 「書いてみよう特許明細書・出してみよう特許出願」特許庁，工業所有権情報・研修館（2008).
[25] 「キャノン特許部隊」丸島儀一，光文社（2002).
[26] 「知財この人に聞く（Vol. 1)」丸島儀一，発明協会（2008).
[27] 「日立の特許管理」日立製作所，発明協会（1988).
[28] 「日立の知的所有権管理」日立製作所，発明協会（1995).

[29] 「研究バカが出世する」伊藤清男，非売品（2005）.
[30] 「知財立国への道」内閣官房/知的財産戦略推進事務局，ぎょうせい（2003）.
[31] 「漫画読本〈Vol. 8-2 昭和 36（1961），Vol. 11-5 昭和 39（1964）〉」文芸春秋.
[32] 「この手は古い！発明 123（Part 1-3）」発明協会（1994 1995）.
[33] 「知財立国（日本再生の切り札）」荒井寿光，日刊工業新聞社（2002）.
[34] 「大丈夫か，日本の特許戦略」馬場錬成，プレジデント社（2001）.
[35] 「特許がわかる本」大塚国際特許事務所，オーム社（2002）.
[36] 「これからの企業の知的財産管理はいかにあるべきか」小川勝男，知財管理（日本知的財産協会），Vol. 47 No. 11（1997）.
[37] 「Hiachi Today」小川勝男，No. 29 Autumn（1994）.
[38] "SEMI News" Topics 連載 7 回金子紀夫 SEMI（Semiconductor Equipment and Materials International）（1991-2009）.
[39] 「技術者のための特許事始」角南英夫，コロナ社（2008）.
[40] 「返仁 No. 841998 秋」日立返仁会.
[41] 「発明家たちの思考回路」E. I. シュワルツ（桃井緑美子訳），ランダムハウス講談社（2006）.
[42] 「世界を制した「日本的技術発想」」志村幸雄，講談社（2008）.
[43] 「世界のヒット商品はどんな「ひらめき」から生まれたの？」S. D. ストラウス（飛田妙子ほか訳），主婦の友社（2003）.

索　引

な行

は行

ま行

や行

ら行

著 者 略 歴

小川　勝男（おがわ・かつお）
1960 年　新潟大学工学部電気工学科卒業
1960 年　(株)日立製作所 知的財産権本部
　　　　1995 - 1999 年　理事・知的財産権本部長
1998 年　日本知的財産協会 理事長
1999 年　日東国際特許事務所（現 特許業務法人ポレール）所長
2006 年　小川特許事務所 所長
　　　　弁理士（第 6850 号）

金子　紀夫（かねこ・としお）
1969 年　東北大学大学院工学研究科応用物理学専攻修士課程修了
1969 年　(株)日立製作所 計測器事業部
2001 年　(株)日立ハイテクノロジーズ 知的財産部部長
2003 年　茨城工業高等専門学校教授
2009 年　(財)茨城県中小企業振興公社 総括テクノエキスパート
2011 年　ひらめき工房代表
2014 年　全国知財創造教育協会 理事

齋藤　幸一（さいとう・こういち）
1963 年　山形県立鶴岡工業高等学校卒業
1963 年　(株)日立製作所 知的財産権本部
1997 年　(財)日本テクノマート 特許流通アドバイザー
2002 年　(社)発明協会 特許流通アドバイザー
2011 年　(公財)茨城県中小企業振興公社 知財総合支援窓口知財支援専門員

編集担当　加藤義之(森北出版)
編集責任　石田昇司(森北出版)
組　　版　コーヤマ
印　　刷　ワコープラネット
製　　本　協栄製本

技術者のための特許実践講座
—技術的範囲を最大化し，スムーズに—
特許を取得するテクニック

© 小川勝男・金子紀夫・齋藤幸一 *2016*

【本書の無断転載を禁ず】

2016 年 2 月 18 日　第 1 版第 1 刷発行
2020 年 8 月 18 日　第 1 版第 5 刷発行

著　　者　小川勝男・金子紀夫・齋藤幸一
発 行 者　森北博巳
発 行 所　**森北出版株式会社**
東京都千代田区富士見 1-4-11（〒 102-0071）
電話 03-3265-8341／FAX 03-3264-8709
https://www.morikita.co.jp/
日本書籍出版協会・自然科学書協会　会員
JCOPY　<(一社)出版者著作権管理機構 委託出版物>

落丁・乱丁本はお取替えいたします.

Printed in Japan／ISBN978-4-627-87151-9